禮儀師的世界
萬安生命

關於《禮儀師的世界》

所有人類的生命，自從在母體受孕懷胎開始就已形成，出生之後，歷經孩提、青年、壯年、衰老、病故等各個階段，其中的過程可謂奧妙而複雜變化無窮。人類有史以來就很關切這些問題，諸如：我是誰？我從何處來？為何死？死往何處去？生命的意義何在？如何把生活過得更快樂？如何死得安詳有尊嚴？……等等，至於如何才能讓逝者安詳尊嚴地離開人間了無牽掛，同時如何撫平生者哀慟的心情……這種特別的任務就得託付禮儀師來處理了。

關於禮儀師究竟扮演什麼樣的角色，到底能為往生者暨家屬們做些什麼事情，一直到目前為止大多數的民眾仍然一知半解甚至有些混淆。假如未曾親自參與親屬往生治喪事宜的全部過程，或者是本人從事這個行業的話，的確很難瞭解禮儀師們是一群為了往生者在盡心盡力，也是為了喪家在四處奔波、備極辛勞的人，事實上禮儀師稱得上是生命的擺渡者。由於禮儀師必須和往生者的家屬共同參與治喪工作之故，因而彼此結緣成為一輩子的好朋友，這些家屬朋友自然而成為禮儀師生命中的導師。

《禮儀師的世界》書中的主角張宗翰，念完研究所取得碩士學位，不久就入伍服兵役，在軍中擔任班長時，因一位弟兄意外過世，他奉命前往醫院懷德廳去瞭解實際狀況，在與承辦殯葬事宜的禮儀師接觸瞭解、與弟兄的家屬密切連繫，不斷地向部隊長官報告處理情形，同時又代表部隊參加公祭等等，一切的行誼不但感動了這位弟兄的父母親，也因此和萬安生命事業機構結下不解之緣。原來是他大學時代的學長正好是萬安生命的禮儀師，在某一次的電話連繫中，學長建議他報名參加萬安機構的禮儀師考試，由於他和主考官的面談表現誠懇具有決心，又有良好的學歷背景，頗受主考官的心儀而立刻錄取，隨即分發至醫院駐點學習。

張宗翰在書中談述他的父母親起初對他從事殯葬禮儀工作的激烈反對，到後來的全力支持。他從最基層的實習專員做起，試用合格成為專員之後，雖然每天有繁雜沉重的工作，但為考取禮儀專業證照，只得利用下班的晚上到空中大學學習殯葬禮儀學科修得學分，整個過程中一邊全心投入工作，一邊還接受公司安排的生命教育課程，並且時時向資深的同事、長官請教，不停地閱讀殯儀相關的資訊和教材，並將日常工作的筆記點點滴滴的一一記錄並融入於工作中，學以致用，日日增加心得，天天累積經驗，為此他的工作表現和能力，讓他很快地在參加國家考試取得丙級技術士的執照資格及通過內部升級考試，正式升任為禮儀師，而且還持續努力邁向更上一層的位階自我激勵。

看完了《禮儀師的世界》之後，相信你對於身爲禮儀師的角色和功能會有更清楚且深刻的認識，進而活出自己的生命價值；尤其對張宗翰禮儀師敦品勵行、敬業樂群的優良表現會感到佩服，認同他確實是青年人的典範，值得學習與效法，甚至覺得有了這樣的同僚更引以爲榮。總而言之，只要持之以恆、用心發揮專長，必定會得到主管及同事們的肯定，更會獲得逝者家屬及親友的信賴、欣賞和讚許，也會成就更成熟、豁達的生命觀。

法鼓山文教基金會法行會總幹事
社團法人台灣癲癇之友協會秘書長
林江漢

導讀

《禮儀師的世界》這本書裡面沒有惑眾的怪、力、亂、神內容，也沒有為了博取媒體的報導版面而刻意包裝的行銷手法，它呈現的是台灣現代殯葬禮儀師的養成過程，以及在殯葬服務職場環境中所必須面對的生死議題，它純粹是還原現代殯葬服務從業人員眞實面貌的集錦。

在殯葬業者的行銷包裝，與叫好又叫座的電影獲奧斯卡最佳外語片的日本電影「送行者～禮儀師的樂章」）推波助瀾下，近幾年來，「禮儀師」這個名詞已逐漸成為台灣各類媒體與民間閒話家常的關注焦點；一般民眾對「殯葬服務從業人員」的認知與感受，從二十多年前形象負面、社會地位低落、人力本位的「土工仔」或「葬儀社」角色，逐漸轉變成專業、貼心、受肯定、具潛力的「禮儀師」角色。不過卻因媒體偶爾披露部分不肖業者服務不夠完善與縝密的個案，導致民眾對禮儀從業人員的努力與付出有所誤解；但相信在這數位資訊化時代，由於網路與媒體的傳播之下，對於殯葬產業更加透明化，吸引更多優質新血的加入，使固有的中華殯葬文化傳承下去，也納入現代化殯葬服務的核心價值，藉由這本《禮儀師的世界》緩緩道出我們的從業人員將殯葬產業當人生志業的用心經營。

《禮儀師的世界》是萬安生命團隊裡服務過的很多眞實案例中彙編成冊，它描繪出現代殯葬服務由從業人員初入行時懵懂、受傳統家庭價值觀影響的壓力、家人衝突與找到疏通之道；也將從初生之犢不畏辛苦的培訓、磨練、養成等階段的蛻變一一道來；讓往生室的氛圍勾勒出殯葬服務流程及與喪親家屬的互動眞情流露；透過人性與科技的現代化殯儀服務交融，規劃出【用你想要的方式・道別】的人生最後一場畢業典禮；更讓你我可以重新審思生與死，從身、心、靈照護，臨終關懷到後續撫慰服務的眞心對待，爲現代禮儀師的專業詮釋出最佳樣板。

各位讀者在閱讀這本書時，請先瞭解台灣現今殯葬服務市場，按往生案源做區分，概略分爲「傳統葬儀社」、「生前契約」與「醫院往生室」等三大類，而從事此三類服務的從業人員，其個別工作內容、職場環境與執業所需具備的專業技能是各有專精的；《禮儀師的世界》是以「醫院往生室」爲背景衍生而成。在此，也建議讀者在閱讀本書時先將過去的詞稱拋開，才不致產生認知上的錯亂，如「送行者～禮儀師的樂章」，影片中的「入殮師」，與本書中的「禮儀師」所扮演的角色截然不同。

《禮儀師的世界》是萬安生命事業機構與揚智出版集團所共同籌劃的生死議題系列

叢書首冊，另一本以台灣近六十年來殯葬產業沿革歷史爲撰述背景的著作即將陸續出版。

我們認爲，殯葬產業並不是勞力密集的傳統「殯葬社」，是以客戶需求爲導向的「殯葬服務業」，深具正向教育思維、溫馨光明感受的「生命紀念與傳承的服務志業」。這個薰陶的過程，絕對不是僅靠少數優質殯葬業者的努力，而是需要依賴社會各界先進對這個產業的從業人員更高的認同，和不吝給予鼓勵鞭策與良善的建議。

萬安生命科技股份有限公司董事長

吳賜輝

於二〇一一年四月十五日

CONTENTS

禮儀師的世界

1 機緣

窗型冷氣呼呼地吹出涼風，在我租的小房子裡微微抵抗著逐漸轉熱的天氣。電腦螢幕上正顯示著人力銀行的網頁，順手拿起桌上報紙隨意瀏覽，從頭條翻到影劇版、體育版，接著看看副刊和廣告版。如果不從事與所念科系有關的職業，到底我還能找什麼樣的工作呢？

頭條是社會新聞，影劇版依然充斥著眾星的緋聞，社會版刊登的眾多事件讓我掬一把同情淚，不禁憤慨這個世代的矛盾走樣。

一篇副刊文章吸引了我的注意力，讓我對那個工作開始有點好奇：「這是一篇真實故事，故事中敘述的喪禮就發生在元月二十六日台灣失落關懷與諮商協會所舉辦的園藝治療工作坊之後一週。我嘗試將個人在工作坊中所體會到的園藝治療設計與關係連結技巧，運用在喪禮設計上，沒想到卻不經意的感動一群人，更讓一位在子女眼中從來沒有表露過情感的男性喪偶者，在瞻仰遺容儀式時，擁抱死者痛哭……」當我才看到文章開頭，體內感性細胞開始促使雞皮疙瘩滋長時，手機突然響起，也許是之前應徵的工作有著落了。

「忠翰，好久不見啊！退伍後過得如何？」熟悉的聲音從手機那端傳來，原來是早我半年退伍的軍中學長。

「學長，我剛上台北沒多久，還在翻報紙、上網找工作呢！」雖然不是工作通知，但此時能獲得學長的關心也不錯。

「還沒找到工作啊？我在台北已經算是過得不錯了，每天上班都很充實而且愉快，又不會被老闆剝削哩！」學長的聲音聽起來相當高興，到底是找到什麼好工作？

「你到底在做什麼工作啊！可以過得那麼開心？」

「我在當禮儀服務人員啊！最近才通過考試晉升爲正式的禮儀師了。拜託！你都沒聽說過嗎？這個工作目前超級熱門的，爸媽都誇獎我找了個好工作呢！」學長開始跟我口沫橫飛地形容他的工作發展有多好，雖然需要值班、輪調什麼的，但我一點也察覺不到學長對做這些事感到辛苦，畢竟當兵時都已站過夜哨了。聽學長說還有往生者家屬要介紹女朋友給他認識，眞是個奇蹟。

閒聊到一半，學長表示有家屬來找他商量事情，就先掛了電話。短短幾分鐘的談話，卻讓我對那個工作的興趣越來越高，也讓我想起當兵時所經歷的一個事件。

記得當兵時，新兵訓練結束離開成功嶺後，剛下部隊兩個月，就遇到連上要接受高裝檢，身為班長的我對這件事情非常重視，要是一個弄不好就得面臨禁假、被盯等可怕的後果。好在連上弟兄都很配合，也都表現得很不錯，因此全班放了一次榮譽假。趁著連假，我趕回家鄉陪家人吃飯，和女友出去約會，卻在收假前一天接到一通來自部隊的電話，通知說班上有人出了意外，要我趕快到醫院瞭解詳細情況。

跟女友匆忙道別之後，我搭乘高鐵趕回台北，接著轉車前往該名弟兄入院所在的內湖安健醫院。偌大的院區讓我有點緊張，在櫃檯查了名字後，便被指引到院區內另一個處所，但不是病房。

「先生，您查的這位病人已經往生了，我們已經將他轉送到懷德廳去了。」櫃檯護士小姐是這麼說的。

「懷德廳在哪？」一聽班上弟兄已經往生，我有點驚訝，原本通知時只是個意外不是嗎？怎麼會變成往生？

「先生，請您從側門走出去，沿著山坡往上走，繞過一條路之後，再往上走個兩分鐘就到了，不會很遠。下一位！」櫃檯小姐解釋完之後，很快地要下一位詢問者往前，而忽視了我眼中充滿的疑惑和不解。我在院內地圖稍微查找了一下，再次確認懷德廳並不在院內，而是得先走出院外才能抵達，於是趕緊背起包包走出院外，同時掏出手機與連上聯絡。

「是，連長，我是忠翰。李家銘弟兄似乎意外過世了，我現在要去一個叫做懷德廳的地方探視，要先通知家屬嗎？」聽起來連長似乎相當驚訝，立刻下令要我掌握所有狀況後，先回報連上，然後再通知家屬。

於是我沿著地圖及櫃檯小姐指示的道路快步前進，離開安健主院區之後，往小山坡上走了一小段路，隨即進入一處格外不一樣的地方，寬廣的空間設置了簡單大方的庭院造景，能夠眺望整個安健院區的涼亭花園，以白色為主調的主要建築物則設置在整個區域的中央，給人一種非常舒服的感覺，讓我原本被突發事件弄得很悶的心情好轉許多。

繞著建築物走了一圈，我從後門進入，沁涼的冷氣立刻讓我感到放鬆許多，一名穿著套裝的女性服務人員看到我，立刻上前接待。

「先生您好！請問有什麼能爲您服務的嗎？」也許是看到我穿著軍服、背著包包的緣故，服務人員的眼光在我胸前的名牌多停留了一會兒。

「我是李家銘先生在部隊裡的班長，醫院櫃檯小姐跟我說他被轉送到這裡，所以我過來瞭解一下。」

「是李家銘先生嗎？我幫您查一下資料，請先這邊坐一下。」服務人員引領我至一旁的沙發上坐下，並爲我倒了杯水。從我剛進來到現在，那名服務人員的臉上都掛著淺淺的笑容，讓人看起來十分舒服。

在等待的同時，我隨意看著沙發區的擺設，除了一張方桌和四周的沙發外，牆上掛著幾幅油畫和照片、服務人員守則等，分隔成兩個空間的玻璃櫥櫃整齊地擺放著骨灰罐、壽衣褲等物品，旁邊還有兩間獨立的治喪室。

「先生您好！我剛幫您查過了。這位李家銘先生是前天早上六點四十八分左右送過來的，家屬先前已幫往生者助念過，現在也已完成豎靈，家屬這幾天還會來洽談籌辦喪禮的事。」

「謝謝妳，我先打個電話。」道謝後，我將東西背在背上，走到戶外找尋通話較佳的區域。剛好涼亭那裡沒有人，於是我在涼亭處坐下，再次打電話到連上報告。

「是的，連長。是，對方說家屬已經處理妥當了。」我將剛問到的訊息報告給連長知道，並等待連長的指示。一道涼風吹過，總覺得整個區域給我的感覺完全不像是一間葬儀社或殯儀館，反到像是一處相當安詳、溫暖的花園。

「是，那我先去給李家銘上香，等公奠時再前來致意。是，連長。」電話掛斷後，我仰頭看向天花板，盯著涼亭裡頭的梁柱發呆了一陣，才又起身走向白色建築物。再次找到剛剛那位小姐，向她表明了我想要爲李家銘上香弔念之意。她立刻領著我來到隔壁那間寬敞的房間，李家銘的靈位前。

長方形房間內，正對著門口的牆上掛著觀世音菩薩的畫像，畫裡頭還抄寫著經文，服務小姐引導我先向觀世音菩薩合掌行禮之後，簡單地介紹了裡頭的環境。環繞室內牆邊的是一格格獨立的靈堂區位，每名往生案主在這裡都有相當足夠的空間，讓家屬能夠擺放靈牌位、祭品、遺物和遺像等物品，整體環境整齊、清潔，空氣中飄散著微微的香氣。

房間內二十幾個位置中，有十來個已經擺有靈牌位、遺像和祭品，而李家銘的靈位位置正巧位在觀世音菩薩畫像左側的第一位，上頭櫃子裡擺著他的遺像，下方桌子上則整齊擺著牌位、小香爐和金童玉女、供品等物，一套軍服整齊地疊好放在桌邊，下頭還擺著軍靴、夾腳拖鞋和一雙布鞋。最特別的是，祭品中居然有一道紅燒獅子頭。

看著李家銘的遺照，我不禁想得出神，這名學弟平常出勤、操課都相當認眞，跟學長們及同儕間的相處也很不錯，想不到這次放假就這麼天人永隔，不禁讓人感到有些鼻酸。

「先生，請向往生大德祭拜。」服務小姐將一炷香遞給我。接過香後我將之高舉齊眉，按照自己的習慣拜了拜，接著那名小姐接過香後將它插到牌位前的小香爐，然後我再雙手合十拜了拜，才轉身隨著小姐離開這個房間。

「請問李家銘何時會舉行公奠？」我在其中一張沙發坐下後，詢問該名服務小姐。

沙發區還散坐著其他來這裡的喪家，兩間治喪室也都有人在使用。

「由於家屬們又累又難過，因此先請他們回去休息了，公奠日期要等後續的治喪協調會，再由家屬們共同決定，我們會配合家屬的需求，盡量選在他們都方便的時間。」服務小姐回答完我的問題，道個歉後，立刻被其他家屬找去幫忙，看起來這個地方的工作似乎還滿繁雜的樣子。

蒐集到需要知道的資訊後，我也差不多該離開了，於是拿起背包，前往院內公車站牌等候搭車，準備回台北。雖然離收假還有一天，但我在台北也沒什麼地方可去，於是打算跟連長報備過後到國軍英雄館，等待明天的回營專車。

「是的，連長。我已經確認過了，現在就等家屬決定公奠日期。是，我明天會準時回營。是，謝謝連長關心。」

回到營區後，除了忙著跟家屬聯繫，安排一些軍中發放的慰問金、喪葬輔助金的行政手續外，軍旅生活的操課演練一如往常，只是營上弟兄們額外加了一堂安全宣導課程，特別要大家注意放假期間的戶外活動及出入場所，避免發生任何意外。而我也很快地被繁忙規律的生活沖淡了關於那個地方的記憶，直到營區接到李家銘的訃聞，才想起自己還沒收到李家銘的告別式通知，還有那個令人印象深刻的地方。

當時我被通知到連長室報告，一進去就被連長特別關照了一番，關心我心情調適得如何，會不會不習慣什麼的。一陣寒暄之後，才將李家銘的訃聞交給了我，上面寫著時間、地點，原來是選在我上次去的那個地方，懷德廳三個燙金大字映入我眼中。

「李家銘畢竟是你班上的學弟，這次就讓你跟著我及營長、旅長一起出席他的告別式，好嗎？」連長一隻大手掌拍在我的肩膀上，就將這麼一個重責大任交給了我，而此時我也注意到連長額頭上的皺紋似乎又深了幾許。

「是，連長。」我行了個舉手禮，恭敬地接下這個任務。

「好，很好。你回去想想有沒有李家銘比較熟悉的弟兄或朋友待在軍中的，如果有，列一張清單給我，如果他們也想參加告別式，我們得另外安排。」接著連長將一張空白清單交給我，額外交代了一些事情後就讓我離開，要我回到連上部隊即著手調查這件事，也要我早點準備好服裝，參加告別式當天要穿的可得要洗得乾乾淨淨，燙得整整齊齊。

剛抵達會場時，我立刻被那莊嚴肅穆的環境吸引，禮堂外寫著學弟姓名的跑馬燈式告示牌高高架在上頭，站在位於內湖靠近山區的懷德廳大廳外，我覺得這裡似乎有種更接近天空的錯覺。跟隨旅長、營長和連長一同前來的，除了我之外，還有班上幾名弟兄，一行十來個軍旅人士同時出現，立刻引起其他人的注意，在旅長的率領下，我們輪流在收付處簽名並送上白包，接著整齊地一同步入禮堂。

偌大的禮堂以純白作爲基底，裝飾性的木質內裝營造出一個典雅溫暖的空間，廳側兩旁擺放著簡單的花籃，在禮廳後側中央點綴著的白色山形式場，將整個祭台襯托成一種翻山越嶺的感覺，沿山形錯落的花朵更是令人神往，光線從後側的多層次白色夾板中傾灑而出，讓人直覺這座山是身處在天堂之中。李家銘的照片投影在前方大螢幕上，那燦爛的笑容讓人以爲他從來沒有離開過。接待人員將我們幾位引導至面對學弟遺像的右手邊坐了下來，按照階級高低分坐成兩排，靜待典禮開始。

來參加告別式的人並沒有很多，寬闊的禮堂內剛好坐滿。李家銘的父母顫顫巍巍地在家屬們的攙扶下坐在第一排，堂兄弟姊妹和阿公阿嬤似乎全都出席，二十幾人將一整排座位坐得滿滿的；看著那幾位老人家感傷懷念的表情，我不禁感到一陣鼻酸。

在等待公奠典禮的同時，我專心觀賞著學弟的回憶影片，從小到大生活的點點滴滴透過螢幕一一呈出現，從幼稚園稚嫩的小男孩、國小國中的青澀模樣、高中大學的青年才俊，一直到初入伍的新兵模樣、懇親會的留影等，搭配著溫馨感人的音樂，與印象中的傳統喪禮有著全然不同的感受。

「家奠典禮開始，司儀、禮生請就位。」司儀的聲音從音箱裡傳來，最前方的祭台擺放著香爐、供品和香燭，而旁邊分別站了兩位戴著白手套且穿著全套西裝的男士。一

旁的司儀拿著麥克風流暢地主持著家奠儀式。

「恭讀家奠文，恭請家奠文主讀者上前。」一名穿著黑色襯衫和西裝褲的青年從第一排站起身來，先跟李家銘的父母點頭致意過後，緩緩走上左側講台站在原司儀的位置，清了清喉嚨之後有點哽咽的說：「給我敬愛的堂哥李家銘。家銘哥，我是育生，代表伯父、嬸嬸、志雄、瑛琪、淑蓉他們一起用這篇家奠文來紀念你，紀念我永遠的堂哥李家銘。堂哥於民國七十六年八月十三日出生在三重，是家裡的獨子，一直都是伯父和嬸嬸的心肝寶貝，從小在他們的疼愛下長大。由於我們李家算是大家庭，因此從出生開始就一直玩在一塊，不管是小時候阿公阿嬤家的三合院，台北的公寓或者透天厝，大家一直都是最好的玩伴……」

說著說著，青年又有些哽咽，頻頻低頭擦眼淚，直到調整好情緒後才又繼續。接著的奠文內容依然是懷念與李家銘共同成長過程的點點滴滴，堂兄弟姊妹們一同出去旅遊、求學的回憶等，最後祝福李家銘在西方極樂世界能夠幸福開心，才結束這段令人動容的追思讀誦。

「家屬、親友請就位。」司儀停頓了約一分鐘，等大家平復情緒，才繼續整個喪禮的流程。在司儀的唱名之下，第一批上前祭拜的是李家銘的堂兄弟姊妹們，浩浩蕩蕩一行十個人分成三排，按照輩分站好。

「奠拜者請上前，主祭代表李志雄請上前，其他陪祭者請雙手合十。」一名也是身穿黑襯衫，比那名叫育生堂弟的還矮上一個頭的青年接過禮生遞給他的香，高舉到額頭前，後頭其他堂兄弟姊妹們也紛紛雙手合十。

「靈前上香，拜，再拜，三拜。」在司儀的指揮下，大家紛紛行禮，哀柔帶點撫慰的哀樂瀰漫整個會場。

「獻花。」接著將香換成花圈，也是在司儀的指揮下持續進行著。

「獻鮮果。」最後獻上一籃鮮果，行禮後這群堂兄弟姊妹才依序回到自己的座位，其中有幾名女性早已哭得泣不成聲。接著，李家銘的親戚們按照輩分紛紛上前祭拜，在司儀輕柔而讓人感傷的語調中，整個過程相當莊嚴隆重的進行著。

家奠儀式結束後，司儀宣告現在爲追思會時間，大家可上台自由發表對往生者的話。螢幕上再次播放著學弟的回憶照片，每張照片都配以感性的文字或者圖片，背景襯托著輕柔的節奏和典雅的音符，相當溫馨，令許多人默默地拿起手帕紙巾頻頻拭淚。

「大家好，我是李家銘大學時期的直屬學妹，很感謝學長那時候百般照顧，還記得當初找宿舍、選課，甚至是課業上都……希望學長能夠在另外一個世界過得愉快，一路好走……」三名李家銘求學時代的學弟妹輪流上台，除了分享與李家銘認識的過程外，也回憶著與他相處的點點滴滴。

國小、國中、高中、大學分別都有人上台，當播放到軍中時期的照片時，長官們紛紛看向我，示意我該上台說點什麼。

稍微整理了一下軍服，我起身走到台前，接過司儀手中的麥克風，清了清喉嚨，說：「我是李家銘軍中的班長，敝姓張，當兵時李家銘的表現相當傑出，如今國軍失去了這樣一名人才，相當可惜……」臨時上台也不知道該說些什麼，因此簡單說了些話。但不曉得生理上起了什麼樣的化學變化，說著說著，在結束致詞前竟帶著稍微哽咽的口氣說出了「家銘，你永遠都是我們的好弟兄，希望你一路好走」的話。

回座位時，稍微瞄了一下長官們的表情，他們不約而同的點頭示意，似乎很滿意我的表現，而我也注意到他們的眼眶均泛起了些微紅色。

「公奠儀式開始，請軍中代表上前，主奠者請站在首位。」聽到司儀唱名軍中代表，我們魚貫跟著前頭的人走到祭台前，以旅長爲首，其他同袍分別跟在後頭列成兩排，看著投影螢幕轉換成學弟在軍中的照片，樣子依然鮮明。

「獻花。」在司儀的指揮下，旅長上前接過禮生遞來的花圈，先是高舉至眉頭，然後拜了拜，後頭的我們也跟著敬禮。

「獻鮮果。」接著是一盆花果籃，也是由旅長代表大家。

「家屬答禮。」那名負責家奠主拜的青年向我們鞠躬行禮之後，李家銘的父母親也起身向我們鞠躬致意。伯母一邊擦著眼淚一邊傾身向我們鞠躬，似乎踢到了腳，一時不穩，似要跌倒的樣子，伯父和旅長不約而同趕緊將她扶住。

「還請您節哀。」之後，我們很快離開告別式會場，走到外頭庭院透透氣。會場內還進行著某些儀式，麥克風的聲音隱隱地有些遙遠，但在我們心中，卻不及學弟已經去了的地方。

「請問，您就是李家銘當兵時的班長嗎？」一名中年女性的聲音從背後傳來，正是李家銘的母親，雙眼已哭得紅腫，眼角猶帶著淚，深深的眼袋和黑眼圈十分明顯。

「是的，您是李家銘的母親吧！還請您節哀。」我輕輕一鞠躬致意。想不到她並未去找旅長或連長等高階長官，反而跑來找我，讓我有些驚訝。

「聽禮儀師說，您是第一時間來看我們家銘的吧！眞是謝謝您了。」李家銘的母親一鞠躬，輕輕地握住我的雙手，微微顫抖的溫暖從她滿是皺紋的手掌傳了過來。

「伯母，請別這麼說，這是我應該做的，家銘是我們連上很傑出的弟兄，還請您多注意自己的身體，不要過度憂傷。」

「我知道，我知道。這次幫我辦家銘喪事的禮儀師也是這麼說的，那人個性不錯又很有耐性，有機會介紹給你們認識吧！」伯母指著涼亭邊穿著西裝正在和長官說話的男子，眼神中露出感謝。

多年後再想起，才驚覺這就是我和禮儀服務工作緣分的起源吧！

2 面試

「張忠翰先生，您好！讓您久等了，請進。」一名穿著套裝的女子開門請我進去，燦爛的笑容讓我精神一振，在我之後還有四名等待面試的應徵者。戶外炙熱的溫度早已被室內的冷氣所取代，難得穿著整套西裝的我輕拍自己的臉頰，重整精神站了起來。

「張先生，您好！請坐。」一名穿著宛如五星級飯店領班，年紀大約二十七八歲的男子，坐在會議室的長桌後頭，我從他的名牌上讀取他的職稱與姓名，行政處訓練中心副理——吳志文。我在網路人力銀行填好履歷資料後的第二天，這家公司便以電話通知我來面試。

「謝謝。」我拉開椅子，帶點緊張的情緒坐下，並立即從公事包中取出資料夾放在桌上。會議室裡的擺設相當簡潔，六人座的位子和牆上的一張白板築起一個簡單的空間，此處應該是個小型開會場地。

「歡迎您前來我們公司面試，在開始前，有些事情先讓您知道一下，這只是第一次面試而已，如果您通過這一關，我們還會有第二次面試。」

「是的，我瞭解。」

「那麼，先請問您第一個問題，也是最重要的事情。請問您有跟家人談過您要來我們公司工作嗎？」

「沒有，我跟家裡有一段時間沒有聯絡了。」提到家人時，不禁讓我的心臟爲之一顫，家人，多麼讓人懷念的名詞。

「那，配偶或女朋友呢？」

「我還沒結婚，現在單身，目前也沒有女朋友……」回答這個問題的同時，我不禁想起了惠芬。

「嗯……」面試官在紙上記錄了一下繼續問：「如果家人持反對態度，我們並不建議您加入本公司，畢竟這可能導致新進員工很快就離職，對您、對本公司來說，都不是好事情。所以，希望您盡快取得家人的同意。」

「好的，我會盡快的。」

「另外請教您幾個基本問題，從履歷表上的資料看來，您是從商業管理碩士研究所畢業的，如果進入外商公司，或者本土大型企業，應該都有不錯的發展，薪水也可能會比我們這裡高些，請問您爲什麼選擇到禮儀公司從事殯葬服務工作呢？」

「……我曾經遇過貴公司的服務人員，交談過一些工作性質與內容，也參加過你們所舉辦的告別式，讓我印象深刻，而且相當感動。剛退伍時，透過一名當兵學長的介紹，我決定來貴公司應徵，希望可以在這裡找份工作。」

「介紹您的學長名字是？」

「李志偉。」

「喔！他現在在B院區服務，有機會的話，你們也有可能一起工作。那麼，請問您希望的職位是？」

「外勤，從第一線的基層禮儀服務工作開始。」

「再請教您，加入這份工作後，您希望從中獲得什麼呢？禮儀服務工作無法讓您過得輕鬆，收入又不高，要是去外商公司，您的薪水應該會比這邊好很多，工作時間短，體力負荷也可能比較輕鬆……」

「我希望可以為家屬服務，讓失去親人的人獲得平靜與釋懷，我也想看到……他們感謝的表情。」我似乎說了什麼不得了的話或露出特殊的表情，面試官吳志文立刻抬起頭看著我。

「您曾經遇過什麼事，讓您對本公司的禮儀服務印象深刻的嗎？」

「當兵時，在貴公司A院區的往生室懷德廳參加過一位軍中學弟的喪禮，那時候曾參觀過你們的服務據點，並且參與了告別儀式，貴公司服務人員不但年輕，儀表端莊、相當有禮貌，而且學弟的母親似乎受到禮儀師非常大的照顧，讓她看起來能比較快的走出悲傷，我想成為那樣的禮儀師。」

「嗯……」吳志文聽著我說的話，突然想起什麼事情，也許這是他聽過比較特別的回答吧！

「A院區的懷德廳算是我們比較大的據點，在那裡服務的禮儀師資歷都比較深，想變得跟他們一樣，您得加把勁，要很努力喔！」吳志文似乎對我的回答很滿意，不斷地點頭並繼續發問。

我們兩人談了一陣子，問題不外乎是一些與我履歷上有關的事，不然就是問些家裡做什麼行業、有幾個人之類的小問題。約莫半小時後，面試官吳志文表示會另外安排時間進行第二次面試，並感謝我今天的參與。

「謝謝您的面試，希望很快可以收到貴公司的消息。」我起身跟面試官吳志文握手後，將東西收拾好離開。走出會議室來到走廊，我的心頭放下了一塊重擔，總覺得已經為往後的人生豎立了一塊重要的里程碑。

騎車返回租屋處，簡單的盥洗一下後，我就坐到電腦前，打開信箱，上網消磨時間。吳志文說第二次面試的時間和地點，會在五天內以電話通知，因此我還有相當充裕的時間多研讀一些相關報導和書籍。我在搜尋引擎打了數個關鍵字，慢慢瀏覽著一個接一個的網頁，但大部分都是個人網誌和部落格，純粹分享他們參加喪禮的經驗，並沒有我想看到的專業知識。

此時我的手機鈴聲突然響起，原來是家裡打來的。

「阿翰啊！工作找得怎麼樣了？家裡都很擔心你吔！」母親的聲音從手機另外一端傳來。退伍返鄉一週之後，我便毅然決然放棄了父親已經幫我談好的職缺，上台北找工作，讓所有的家人都相當震驚。全家人在我的堅持和耐心協調之下，才終於同意讓我北上，也要我答應要是兩個月內找不到工作，就得接受父親的安排，到他朋友開的公司任職。

「今天去面試了，他說五天內還有第二次面試，應該會上吧！」在台北時接到志偉學長的電話，也勾起了我參加李家銘喪禮的回憶，考慮了一陣子後，我才在人力銀行網站上填寫個人履歷。

「喔！那很不錯，對方是怎樣的公司啊？」

「算是服務業吧！今天幫我面試的那位主管人還不錯，談得還滿開心的。要是進去的話會從基層做起，妳不用擔心啦！」

「好啦，好啦！面試上了再打電話回來，有空多回家，媽燒幾道你愛吃的給你補補身子。」說著說著，另一頭突然傳來嬰兒的哭聲，我猜應該是大姊的小孩，去年底才出生的小男嬰，哭鬧起來可是相當可怕。

「哇！你外甥又哭了，媽去顧一下。那就這樣，要注意身體，三餐可不能省啊！」母親急著掛上電話，隨即傳來一陣嘟嘟聲。我收起手機，繼續瀏覽網頁上一條條的訊息。此時，我在U-tube上看到一則有趣的訊息，因此驅動滑鼠點選那個連結，趁著影片還在讀取的同時起身倒杯水喝。

影片一開始，音響就傳來奇怪的哭喊聲，排成一條長龍的藍色貨車上分別架著俗不可耐的裝飾屋，上頭點綴著各種俗麗的金色、紫色和奇怪的七彩旋轉燈，搭蓋出一間像小房子一樣的空間，不到一坪大的小舞台來回舞動著唱歌跳舞的豔裝女郎，穿著相當輕薄，拿著麥克風唱起流行歌曲，跳著煽情的舞蹈，與傳統喪禮上應該有的悲傷、莊嚴氣氛相當不合。

接著又看到一輛較爲樸素的貨車，上頭架著紅黃色棚子，一旁大大的廣告招牌上寫著「傑文陣頭中心」，一名全身素白的女子坐在椅子上靠著牆，拿著麥克風不斷、聲嘶力竭地喊著：「阿母……阿母……，我不孝啊……對不起啊……」原來先前聽到的哭喊是從她那傳來的，那虛假到讓人起雞皮疙瘩又覺得好笑的哭腔，與四周的鑼鼓喧鬧、電子音樂及汽車喇叭聲混成一團，反而讓人覺得更反感。

攝影機四處轉了轉，圍觀路人看著這條車龍通過，似乎沒有一點噁心反感的樣子，反而圍著電子花車大聲叫好，並吹起口哨鼓譟著，整個出殯行列像是一場奇怪的嘉年華會。

我切掉螢幕，閉上雙眼，回想起小時候，似乎常常看到這樣的場景。還記得阿祖過世時，老家將車庫整個空出來搭設靈堂，請來念經的師姊們連續念了很久很久的經文，從白天出門去學校上課到下午放學回家，不斷重複地念誦著小孩聽不懂的經文，晚上靈堂旁邊，還有收錄音機不停播放著「南無阿彌陀佛」佛號。

莫非這些就是我進去這家禮儀公司之後所要做的事嗎？我在公司的官方網站看到的那些資料、委請公司承辦喪禮的那些喪家所給予的評價、感謝，應該不是這個樣子的工作性質吧？爲了去除我的疑慮，我趕緊回到公司官方網站及人力銀行網站瀏覽，仔細瞭解這家公司禮儀服務人員的工作內容、工作守則等，還有那些透明化的喪葬資訊、喪禮流程……

看著網頁上那些相當專業的知識以及服務人員的親切笑容，感覺疑慮已漸漸消失，畢竟我注意這家公司的資訊也有一段時間了，而且還親身參與過學弟的喪禮，親自見證了這家公司在禮儀訓練上的完整性和制度化，希望進去之後，也能變成這樣的人。

想著想著，學弟的母親那張溫柔、寬心的臉孔又浮現在我眼前，還有那位負責承辦學弟喪禮的禮儀師，那個善良貼心、有親和力又不失專業自信的笑容，讓我的心情更加舒坦。陰鬱的心情好轉之後，我關上電腦，換了運動服出門慢跑。聽說禮儀從業人員都要保持良好的體能，我得加把勁維持體力才行。

兩天後，我在與友人外出用餐時，接到公司的電話通知，約定星期四下午兩點，在總公司進行第二次面試，對方詳細說明一些注意事項，並提醒我千萬不要遲到。記好服裝要求和時間地點後，我走回餐桌。

「怎麼啦？看你接電話接得這麼急，女朋友打來的？」小陳是名電腦工程師，今天老婆出門參加同學會，於是特別請假回家幫忙照顧小孩，趁著他陪小孩出來吃午餐的時間跟我聚一聚。退伍還不到一年，這些當兵時的同梯還維繫著不錯的感情，有空時還會相約出來吃飯聊天，或者打打球、踏踏青。

「是我去面試的公司，通知第二次面試時間。」我回到座位上，繼續吃著我的豬排飯。

「不錯喔！通過第一階段就算是過一半了，機會很大。」小陳抓住他小孩的肩膀，阻止他將一架紙飛機射向隔壁桌的兩名上班族。「小偉不要皮了，快坐下來吃飯，你這樣子很不禮貌。」輕聲喝止之後，小朋友趕緊坐下，抓起幼兒餐具扒起裡頭的飯菜。

「你應徵的這家公司是做哪行的？」小陳喝光眼前的麥茶，邊吃豬排邊提問。

「算是……服務業吧！公司滿大間的，電視及公車車廂常有他們的廣告。」我還是不太敢說出公司的名字，也許這也是我日後要克服的一個障礙吧！

「喔！大公司都滿有制度的，福利也不錯，等你錄取之後，再約大家一起出來喝一杯，慶祝一下。」小陳拍拍我的肩膀，樂觀地吃光碗裡的東西。我輕輕笑了笑，也捧起碗享受著午餐，畢竟一餐三百多元的豬排飯可不是天天都能吃的，得要好好品嚐一下才行。

希望第二次面試也能順利通過，我在心裡偷偷祈禱著。

第二次面試當天，我特別起了個大早，沖澡盥洗、刮好鬍子之後，穿上對方要求的白襯衫、深藍色西裝褲、一條深色素面領帶，配上同色系西裝外套並帶上公事包，便騎著愛車前往面試地點。台北的交通依然繁忙，我夾在車陣中沿著光復北路一直往北前進，然後在民權東路左轉，一會兒便抵達面試場所。跟上次一樣選在總公司面試，心情較輕鬆，畢竟上次來過，感覺比較熟悉。

搭上電梯來到十六樓接待大廳，跟總機小姐表明來意後稍微等了一下，很快的便看見面試官親吳志文自來大廳接我，並引領我到面試場所。進門之後，兩人分別坐在會議桌的兩端，室內的冷氣讓我覺得相當舒服。

「這幾天我和其他主管稍微談了一下，他們對您的學歷和經歷都相當賞識，雖然沒有相關工作經驗，但您對殯葬禮儀應該有基本的認識吧？」

「我上過貴公司的網站幾次。」

「非常好，請您繼續保持這樣的積極精神，這種從業態度對您的工作發展會有相當大的幫助。等一下我的部門主管，也就是本公司行政經理，會再與您面談，做最後的任用資格確認。他姓王，稱他王經理就可以了。如果您沒有其他問題，請您稍等一下，我去請王經理過來。」

「謝謝，麻煩您了。」

吳志文面試完畢後，我深深吸了一口氣，希望能藉此放鬆有點緊繃的神經與臉部肌肉。慢慢地喝了一杯水後，隨手拿起身旁雜誌架上由這家公司出版發行的內部刊物《懷報》，客製化喪禮的簡介吸引我一字字的閱讀下去。

叩門聲輕響了兩下，吳志文將門打開後，一位英挺抖擻、面容和善的中年人迅步走了進來，我還來不及起身，他便示意我坐下。這位應該就是王經理了吧！

「您好！我是行政處的王經理。在確認您完全符合任用資格之前，由我再與您深談一次……」接著王經理針對我個人的基本資料與應徵動機再次提問，我也不厭其煩的

一一加以回應、說明。

王經理等待我回應的同時，花了一點時間，將紅色資料夾內的履歷資料從頭到尾又審閱了一次。

王經理取下老花眼鏡擺放在桌上，然後用較爲嚴肅的表情，兩眼直視著我。

「張先生，本公司的徵人原則中，有個條件是至少要有兩年以上的社會工作經驗，但在第一次面談中，您曾說過，想要成爲一個可以幫助喪親者盡快走出悲傷的禮儀師，這是個令我感動的動機；而且您的高學歷背景也是本公司目前想要提升服務人員素質所重視的，所以即便您沒有充分的社會工作資歷，本公司也很歡迎像您這樣的人才，一起投入殯葬禮儀服務的工作。」

「最後，我要再向您說明及確認一些事……」說這句話時，王經理的表情變得嚴肅許多。

「相信您已經體會到本公司對於新進人員的要求標準很多，這是因爲我們很珍惜每一位進來的員工，希望他在符合基本條件下，能順利適應我們公司的文化與服務工作。我們很不希望新人在進入公司後，因爲家庭的反對、身體健康、個人債務、不會駕駛車輛等問題而突然說要離職，畢竟這樣會讓雇主與員工雙方都付出不小的時間與訓練成本。關於這點我要再次跟您確認：您是否都已經和家人溝通過，而且沒有健康、負債、開車等方面的問題？」

「是的。」當說出這個肯定答案時，我心裡想著接下來該如何向家人說明我的工作內容，因此感到有點心虛。

「好，謝謝您的肯定回應。」王經理這句話讓我覺得有點對不起他，還來不及露出尷尬的表情，王經理便道出另一段頗爲嚴肅的話。

「張先生，我相信當您決定來應徵時，心裡已經對殯葬服務的工作內容有些想像。我必須向您說明，台灣地區的殯葬業者基本上分爲傳統葬禮公司、生前契約銷售與服務公司，以及像本公司一樣，以從事醫院往生室經營管理爲主的企業組織這三種經營型態。當要踏入殯葬服務行業時，您選擇不同型態的殯葬服務組織，您的工作內容就會有所不同。以我們公司來說，新進人員必須能夠接受長期輪值，生活作息不是很正常，而且時常接觸並搬運不同死亡原因的大體，並予以擦身、洗淨、換衣物、化妝等作業，還得在工作單位跑進跑出，爲處於悲傷情緒中的家屬辦理繁雜的喪葬事宜，這些都不是其他兩種殯葬服務組織所能接觸到的，也就是說，我們公司的殯葬服務的複雜性與工作量遠比另外兩種殯葬服務組織來得大。您確定要接受這樣的工作嗎？」

「是的，沒問題，這就是我想要從事的服務工作。」這次的回答著實比上一次來得肯定踏實許多。

聽到我的回答後，王經理露出一絲微笑，並且對我說：「很好，張先生，歡迎您加入我們公司的服務行列。接下來，我請吳副理向您說明報到要繳交的資料以及程序，並在正式報到前繳回給吳副理。因爲我還有許多事要忙，就不多陪您了。」

王經理起身與我握手後就離開了。

吳副理接著從資料夾中拿出一疊資料，上頭印著公司的企業識別標誌。吳副理先拿出幾張紙放在自己面前，接著將一些資料交給我。

「這些資料請您拿回去詳細閱讀，另外請您去申請一些文件。」接過手來稍微看了一下封面，上頭寫著員工報到資料、員工守則與員工必備專業知識。

「首先請您去戶籍所在地的警察局申請『無刑事犯罪記錄證明』，也就是所謂的『良民證』，然後到衛生所或公立醫院做一般性健康檢查，在正式報到前，將這些資料送回總公司給我，以便完成任職的行政作業以及申請勞健保。」

「是的。」

「接著先跟您說一些公司的制度，您應徵的職缺是專員，公司會先派您到某家醫院當實習專員兩個星期，再由實習單位主管評核您是否能夠勝任這個工作；而我們的第一線工作必須接觸往生者的大體，也就是執行所謂的『接體』工作，請您做好心理準備。」我點點頭，並將手上的資料輕輕一敲疊好。

「雖然您是從實習專員開始做起，但也需要在醫院往生室值班，工作時間比較長，可能會比較累；從專員做起的話呢，一般來說，就是負責協助禮儀師服務家屬、幫忙準備及遞送各種喪葬用品、整理環境、清點倉庫物料、幫忙告別式會場布置之類的事情。」吳副理喝了口水，繼續說：「至於薪水部分，我們在實習期間也是有付薪水的，請您不用擔心，成爲正式專員後，就是以底薪加上獎金來計算，雖然談不上收入很多，但比起大部分剛出社會的工作來說算是不錯了。」

「嗯！我瞭解。」

「那麼，恭喜您已經通過了我們的面試，這些資料請您帶回家熟讀，這兩天就會通知您實習單位在哪裡，預計下個星期一就安排您上班，我們這邊會先聯絡您的實習單位，說您會過去。謝謝您來參加面試，希望您在工作時也能認眞努力。」吳副理站起身來，主動伸出右手，我趕緊起身回握。

「是的，我會努力的。」

3 報到

「您好！我是新來實習的張忠翰，請多多指教。」對著鏡子練習了一個小時，我覺得這樣已經足夠了，應該可以在第一天上班時就讓前輩們留下好印象吧！星期一早上六點二十分，我已經抵達實習的地方——大山醫院，其前身即是空軍醫院，想不到離租屋處這麼近，這讓我感到相當幸運。從院區旁附設的公教福利社與停車場入口處走進去，沿著路往前走一段後，進入類似下坡道的地方，一個右轉就能抵達我實習的地方——大山單位。

單位入口處有一座小小的庭園造景，裡面擺放著每一分鐘都會敲一下並發出叩叩聲的日式流水竹管和一些竹子、花草造景；庭園對面則貼滿寫著溫馨字句以及公司簡介的海報，三輛摩托車停在海報前，想不到這麼早就有人在這裡工作了！實習通知單上雖然僅要求必須在八點半之前抵達公司，看來還有人比我更早到，或者是昨晚留下來值班的人吧！

今天一早起來，天氣陰陰的，不知道會不會下雨？

公司入口的左手邊並排著一條長長走道和一扇大門，走道是通往醫院的地下通路，大門上則沒有做任何標記，也許是倉庫吧。做了一個深呼吸，再次檢查一下服裝儀容，我鼓起勇氣踏進公司，準備迎接我這全新的工作。

一進入公司，分隔的自動門將冷氣和舒服的空氣投射在我全身，清脆的門鈴聲告知我的出現，映入眼中的第一個區塊是兩條排成L字型的沙發和一張長桌子，似乎可以在那裡睡上一覺；更裡頭的接待櫃檯後，一名穿著白襯衫西裝褲的男子站了起來，臉上帶著輕鬆的笑容和有點睡眠不足的表情走向我。

「您好！需要什麼服務嗎？」短髮男子表情相當溫和，化解了我不少的緊張。雖然穿著整齊，而且有點制式化，但西裝褲和襯衫的組合卻給人一種相當專業的感覺。這名男子的皮膚看起來有些黝黑，也許是喜歡戶外運動也不一定，簡單利落的髮型配上細緻的五官和一百七十幾公分的身高，儼然是名會受女孩子喜歡的帥哥。

「您……您好，我是公司通知我來這裡報到實習的新進人員張忠翰，請多多指教！」練習這麼久的台詞終於可以說出口，讓我有些緊張，一手拿著小公事包，一邊用右手跟他握手。蓄著簡單短髮的男子用力握住我的手，一股受過鍛練的肌肉力道傳了過來。這名男子相當熱情地說：「您好！啊……終於有人過來這邊實習了，我們都快要忙不過來了呢！太棒了，你先跟我到辦公室放東西吧！」短髮男子一手接過我的公事包，一手搭著我的肩，直接往裡走到了辦公室。

「另外兩個値班的還在睡覺，等一下再幫你介紹，我先找個位置讓你放東西。」短髮男子拉著我走到辦公室最裡面，並在一張桌子上清出一個空間讓我擺放公事包。辦公室內共有四張桌子，另外三張都放有筆記型電腦和滿桌的資料夾及各種紙張、文宣，看來工作量與業務都相當可觀。

「這張桌子就給你用吧！外套可以掛在椅背上，在辦公室內穿襯衫就可以了，出去時再穿外套吧！」短髮男子隨即在一張桌子上翻找了一陣子，接著掏出一張實習生名牌交給我，囑咐我掛在左胸口。

「喏，這是你的實習生名牌，前一個來實習的傢伙不到三天就落跑了，虧我還相當期待可以補充一名人力。喔！對了，我還沒自我介紹呢！我是大山單位代處長吳宗賢，叫我宗賢就可以了。」宗賢看了看手錶，似乎有什麼事情需要處理，馬上拉著我又往外走。

「現在剛好是打掃時間，你就跟著我邊做邊認識一下環境吧！對了，手機不要關，隨身攜帶，並將手機轉爲振動模式，或者將答鈴音樂改爲一般鈴聲，千萬不可出現流行音樂，這是從事這份工作要注意的，我們必須尊重處在悲傷情緒中的喪家。」宗賢看著我急忙將手機鈴聲調整設定後，便帶著我走出辦公室，穿過展示櫃和一間獨立小房間，小房間門上寫著治喪室三個字。接著左轉，打開儲藏室大門，從裡頭找出兩副掃把和畚斗，拿好後又領著我往外走，再次左轉，穿過一條長廊，之後到達一間相當空曠的房間，約莫比我大學時的教室還長一些、寬一些。

「這裡是我們自己的禮廳，家屬們可以在這裡辦告別式，或者分隔起來當助念室，可容納二十幾個人！大概和市立殯儀館乙級還是丙級差不多大小。」宗賢分配一半給我清掃，自己則打掃另一半。

將地板灰塵集中掃起之後，我們轉出禮廳回到長廊上，左側兩扇門可以拉開，上頭標示著助念（禱）室；右側則有一扇相當大的拉門，只是並沒有註明任何名字和標記。

「這裡有兩間助念室，我們就一人一間吧！」宗賢說完，自己打開一間走了進去，我則注意到外頭掛著一張方形壓克力板，可以用簽字筆寫上往生者姓名、家屬代表、使用時間等。進門之後才發現裡面的空間並不算大，約莫四、五坪，以木頭飾板貼牆，牆上掛著觀世音菩薩的畫像。

很快地打掃完之後，回到長廊上和宗賢會合，準備到對面那間還不知道要做什麼的房間打掃。此時宗賢拉住我的手，搖頭表示對面那間不用打掃，接著就帶我往前走，長廊的邊間正是洗手間，看來相當需要打掃。

「剛剛那間是冰櫃區，會由專業的前輩們進去打掃，你的話，我看實習的第二個星期我再讓你進去好了。」宗賢將掃把畚斗放在外頭，率先走進廁所，開始檢查廁所裡的用品是否齊全，我則接過宗賢傳遞過來的報紙和魔術靈，負責擦鏡子和洗手台。

「宗賢，助念和助禱是做什麼用的啊？」我邊擦鏡子邊發問，不知道爲什麼我覺得上頭有一塊污漬特別難纏。

「助念和助禱本質上是一樣的，人在過世之後，靈魂要脫離身體的這段過程是非常痛苦的，所以讓家人跟著師姊或者牧師、神父在旁邊爲往生者念經文。一般來說是念玫瑰經，用意是幫助往生者的靈魂脫離肉體，化解那些脫離的痛苦。」說著說著，宗賢將一大袋蒐集好的垃圾綁起來，然後拿出洗手間。

「這裡打掃好之後，沙發區那邊也去掃一掃，我先去丟垃圾等一下就回來。」宗賢離開後，我繼續專心擦拭著鏡子。看著鏡中的自己，似乎有種奇妙的感覺在我心中發酵，想不到自己還會拿起清掃用具打掃，要是進入大公司工作的話，應該是穿著筆挺西裝看著清潔阿桑打掃吧！如今就連相當於公司經理級的處長也親自跟我一起打掃，這樣的經驗在其他公司應該難以碰到吧！

「忠翰，打掃好了先出來吧！動作要快一點，等會要準備拜飯的東西了。」宗賢的聲音從外頭傳來，我趕緊結束這裡的打掃工作，收好用品，接著和宗賢打掃沙發區、治喪室和清洗水果的流理台廚房區。在進入花果洗滌區旁邊的豎靈區前，宗賢要我先放下手上所有的打掃用具，到旁邊的洗手台將手洗乾淨。

「你看著我怎麼做，這是最基本的，要尊重這些往生者。」宗賢雙手合十先一拜後才踏進豎靈區，接著走到房間中央對著掛在牆上的菩薩畫像也一拜，隨後對著其他三個方向也分別拜了一下，口中念念有詞地說：「各位爺爺奶奶、叔叔阿姨、兄弟姊妹，今天早上打擾了，我先來幫大家打掃一下環境，等一下就來給大家拜飯，打擾了，打擾了。」接著宗賢轉頭對我說：「你也進來，照我剛剛做的那樣做一遍吧！這很重要喔！」

將手洗乾淨後，我也跟著踏進房間對著菩薩畫像先一拜，然後邊說邊向其他地方拜了拜：「各位爺爺奶奶、叔叔阿姨、兄弟姊妹，今天早上打擾了，我先來幫大家打掃一下環境，等一下就來給大家拜飯，打擾了，打擾了。」說完我抬起頭，認真看了看裡頭的環境。

豎靈區跟我之前在懷德廳看到的差不多，但稍微小了些，順著中央的菩薩畫像繞一圈，大概設置有十來個置放往生者牌位、供品的地方，以燈箱照亮的往生者照片看起來都相當安詳。

值得注意的是，幾乎每個往生者前面都放著一個藤編或草編的小盤子，上頭放著十來個小小的標誌，可以用後頭的別針別在衣服上。

「宗賢，這個是？」我指著那小盤子問。宗賢探頭過來看了一下說：「這個叫做寄孝，就是寄放孝誌的意思。原本的孝誌是讓守孝的親屬們別在身上以做區別之用，近年來衍生出寄孝，讓大家可以把這個寄放在豎靈的地方，等到要祭拜的時候再別上就可以了，也算是一種變通的方法吧！」

「這裡就是讓家屬豎靈的地方，往生者的靈位可以安置在這，家屬們前來祭拜時也可以跟我們接觸，討論喪事和一些相關事宜，也算是增進我們和家屬接觸的機會。而且現在人上班那麼忙，安置在這，有我們專門打理，也省去大家很多時間和精神。」宗賢跟我解釋著，順便告訴我如何跟家屬介紹在公司單位豎靈的好處和優點。

「另外還有很重要的一點，掛在裡頭的畫像是地藏王菩薩，不是一般的觀世音菩薩，不要搞錯了喔。」宗賢特別提醒我，然後率先走出豎靈室。

打掃完後我們走出豎靈區，將打掃工具放回儲藏室，接著拿了環香回到豎靈區裡一一更換。換的同時宗賢說：「環香要每天更換，這象徵著往生者的後代香火不斷，所以我們每天都會幫忙更換，等一下就來準備拜飯用品。」接著宗賢又來到地藏王菩薩畫像前祭拜了一陣子，並且跟往生者們表示等一下要吃早餐了。隨即將豎靈台上的托盤一一蒐集起來拿到花果洗滌區，並把菜飯倒到廚餘回收桶中，將空碗盤疊好。

「空碗盤等一下再洗乾淨吧！」宗賢從冰箱拿出點算好的八碗飯放進微波爐，並從上頭櫥櫃裡拿出托盤，分別將飯還有一碗一碗新添的菜都擺好，每一托盤上都有三菜一飯。

「等一下一盤一盤端進去，幫大家換飯的時候要跟他們說些話，你看我怎麼做喔！」宗賢端起一盤走在前頭，我則端起另一盤跟著走了過去。只見宗賢捧著托盤在豎靈區門口先行了一個禮再走進去，先從靠近菩薩畫像左邊的第一位開始，行了個禮，說了段話：「爺爺，準備吃早餐了，今天有菠菜喔！」說完將托盤放了上去，雙手合十再拜一拜。

接著我走到旁邊的豎靈台旁說：「阿姨，吃早餐了，今天有菠菜喔！」將托盤放上去後，我也跟著雙手合十拜了拜。服侍完另外六位往生者的豎靈台後，早上的拜飯工作也差不多結束了。宗賢表示早上一開始的工作差不多就是這樣，接下來會有一些時間可以讓我坐下休息，再過不久，就會有家屬前來祭拜往生者了，到時候又要開始工作了。

看了看手錶，現在已七點五十分左右，想不到今天的工作我已經做了一個半小時。宗賢帶著我回到接待櫃檯分別坐了下來，隨手從下頭拿出兩罐瓶裝茶分給我一罐：「坐著休息一下吧！這瓶給你。」

「謝謝前輩。每天早上的工作流程差不多都是這樣嗎？」我接過一瓶扭開瓶蓋，稍微喝了一口潤潤喉，這才發現我的喉嚨已經渴求滋潤了這麼久，綠茶的甜香自動在我喉中升起。

「不要客氣啦！我們都是一起工作的，叫我宗賢就可以了。」宗賢也喝了一口茶，接著說：「我們的工作其實還滿固定的，早上起來就先打掃環境，然後拜飯。等一下八點上班時間到了，我再帶你去看白板，順便教你其他事情，睡在值班室的那兩個過不久也會起床上班，到時候再介紹你們認識。」

「大家都會輪流睡在值班室嗎？」

「這是當然的啊！我們每個人都要輪流值夜班，昨天晚上剛好有接體，所以三個人都在，平常就兩個人值夜，一個回自己家裡睡覺，不過要是有緊急事情需要支援，當然會義不容辭跑回來幫忙啊！他們兩個一個住敦化，一個住內湖，還好不會很遠啦！」

「請問，接體是？」聽到不瞭解的名詞就要趕快發問，不然以後工作時聽不懂是什麼，就糟糕了。

「接體就是接運大體的意思。當有人在自己家裡或者醫院病房過世時，分兩個方向來說明好了，如果是在自己家裡過世，當他們撥打公司專線電話後，公司會按照往生者離哪個單位比較近，再來指派前往接體的單位。假設由我們這裡前往接體，就是開外頭那輛廂型車前往往生者家裡，將往生者的大體接回我們單位冰存，並在這裡豎靈安置往生者的靈魂。」

「如果是在醫院往生呢？」

「在醫院往生的話，護理站就會通知我們。我們會推專門接體的推床搭電梯到病房，與家屬溝通並得到他們的許可後再進行接體，一樣接回到單位裡冰存，然後豎靈。」宗賢又喝了口茶，接著輕輕地用手背擦嘴。

「所以昨天是？」

「昨天啊……昨天算是滿OK的一個接體啊！昨天遇到的家屬人很不錯，算是很有勇氣的一家人。往生的爺爺是在家裡過世的，年紀已經八十幾歲了，晚上本來是在看電視休息的，看著看著就這麼睡過去了，凌晨十二點多電話一來，我和另外一個同事阿偉去接體，留陳哥一個人值夜。到了那邊之後，見家屬一邊擦眼淚一邊念經，嘴巴還一直說爺爺很好命，沒什麼病痛就這麼走了，很有福氣什麼的。」

「這樣眞的很有福氣吔！算是壽終正寢吧！」

「嗯！我們幫爺爺清理的時候，兒子和媳婦也都很積極的來幫爺爺擦身體、換衣服。其實我還滿感動的，剛過世時會有一些東西從身體裡流出來，其實算不太好聞啦！」宗賢邊說邊喝了口茶，這時我才想起似乎已經快到吃早餐時間，不知他們怎麼解決三餐？

「接體回來之後又和家屬討論了一下豎靈，還有後續的一些事項，回去睡覺都已經是早上四點鐘了。呼呼呼……差不多該叫他們起來了。」宗賢輕輕打了個呵欠，接著起身準備叫值班室裡睡覺的兩個人起床。

「那我呢？」

「你先坐著吧！等會還有很多事情可以做呢！」宗賢笑著敲了下門，然後推門走了進去。經過了早上和宗賢前輩的相處，我開始覺得在這裡實習是相當不錯的一個機會，相信接下來的陳哥、阿偉都是很好相處的人，能幫助我學習各種禮儀工作和增加知識。

幾分鐘後，宗賢帶著笑容走出值班室，後面跟著兩位滿臉倦容的男子，手上各拿著牙刷和杯子走了出來。現在是七點四十五分，距離上班時間還有十五分鐘。

「陳哥、阿偉，這位是新來實習的張忠翰。忠翰，你有綽號嗎？一直叫你全名有點生疏，叫綽號聽起來比較熟吧！」宗賢很快地介紹我們認識，我也趕緊起身跟他們兩位握手：「早安陳哥，早安阿偉，我叫張忠翰，叫我阿翰或者忠翰就可以了。」

「您好！我是陳德威，他們都叫我老陳或陳哥，歡迎你來我們這裡實習。」陳哥是一位看起來已經四十歲左右的中年男子，身材略嫌消瘦，滿是風霜的臉上有種飽經歷練的感覺，額頭上那深深的皺紋透露著陳哥的年齡。

「我是阿偉，謝冠偉。很高興認識你，你叫阿翰是吧？」阿偉看起來就像一般常見的上班族，白白淨淨的皮膚看來很少曬到太陽，全身上下散發著一股我沒睡飽的氣息。不管是阿偉或者陳哥似乎都睡眠不足，加上皮膚過白，又長期待在室內工作，只有宗賢顯得特別黑。

介紹過後，陳哥和阿偉分別走到洗手間刷牙洗臉，整理服裝儀容，宗賢則帶著我走進值班室為我介紹環境。小小值班室裡面只有一張單人床、一張上下兩層組合單人床和四副掛牆上的衣架組，嵌在門旁牆壁的衣櫃，擺放著幾套不同的換洗衣物和西裝長褲、襯衫等東西。床上的枕頭棉被都疊放相當整齊，讓我想起了當兵時的大寢室。

「值班室裡頭就這樣，給值班的同仁們睡覺、補充體力，在我們這裡工作雖然說不上很辛苦，但也不輕鬆喔！」宗賢帶我離開值班室並關起門，接著又轉到辦公室，指著掛在牆上的大白板。外頭陳哥和阿偉已經盥洗完畢，走回值班室放東西，一會兒之後也走進辦公室，拿起掛在胸前的卡片朝一旁的感應裝置嗶了兩聲，應該是完成上班打卡的記錄吧！

「這張大白板就是我們這裡的行事曆，上頭寫的就是當天要辦的告別式，或者要跟家屬洽談的時間，假設有什麼預定行程就統統寫在上面，旁邊的小白板則是記錄最近接觸的家屬代表和他們的手機號碼。」宗賢一邊指著白板一邊說。此時陳哥開始翻閱他私人的行事曆和電話簿，阿偉則起身收拾東西，一副準備要出門的樣子。

「阿賢，我早上先打電話給最近的幾個案子關心一下，下午應該會有家屬來找我，目前不會外出。」陳哥邊翻行事曆邊說。阿偉轉身到後頭拿起西裝外套，掛在衣架上認眞的檢查。

「中午我有一場告別式，設在第一殯儀館，待會家屬就會來接往生者的神主牌位。我先去聯絡師父和車子，確認一下他們到了沒。」阿偉和宗賢交代了一下，抓起外套和手機就跑出辦公室。突然，阿偉又探頭回來說：「外面有家屬來了，宗賢和那個新來的就拜託你們啦！」

「喔……快來跟在旁邊聽吧！每個跟家屬接觸的機會都是很好的學習時間，忠翰你要認眞學啊！」宗賢拍拍我的肩膀然後走了出去，家屬看到他似乎就像是看到親人熟人般熱絡，紛紛跟他寒暄打招呼。

「陳奶奶您好，是來看陳爺爺的嗎？」宗賢相當親切地跟一位矮小的婦女打招呼，那位婦女看起來有七十歲左右，由一位少婦攙扶著，似乎是她女兒或者媳婦，後頭還跟著一位滿不在乎的少年，也許才剛升高中或大學，正在享受暑假的樂趣也不一定。

「媽說想先來看一下爸，等會再跟您討論爸的後事好嗎？」少婦先開口，說完就扶著老太太往豎靈區走去，跟在後頭的少年一臉心不甘情不願。宗賢趕緊走到前面幫他們開路，自己先拜了一拜後，引導他們走到陳爺爺豎靈的位置，並向他們說明我們早上已經先幫爺爺換過飯了，等會再就請他們幫爺爺換一下洗臉水和毛巾，好讓爺爺吃完飯後有乾淨的水可以盥洗。

少婦指揮著那名少年幫爺爺換水洗毛巾，不時還聽到少年嘟囔著爲什麼不能跟同學出去，要先來這裡之類的抱怨話，隨後便捧著洗臉盆和毛巾朝我這裡走來。

「要換洗臉水嗎？請到旁邊的花果洗滌區換就可以了。」我讓開一條路讓少年通過，然後走到宗賢前輩後面，一邊聽少婦和老太太與陳爺爺說話，不一會兒還拿出兩枚十元硬幣開始擲筊，不外乎是問「這裡的人有沒有好好照顧你啊」、「今天早上有沒有吃飽啊」之類的話，彷彿陳爺爺依然在他們身邊一般。雖然陳奶奶看起來還是很沒有精神，但看到地上顯示的幾乎都是一次就擲出聖筊，陳奶奶的表情也放鬆了許多。

接著宗賢引導他們到治喪室坐下，然後囑我出去幫他們倒杯水進來，並請我通知陳哥到接待櫃檯先坐著，免得其他家屬來時沒有人可以服務。我先跑到辦公室通知陳哥，只見陳哥看著皮包裡的東西似乎在發呆，看到我進來才趕緊收了起來。

「怎麼了？」陳哥問。

「宗賢說請陳哥到接待櫃檯坐鎮，他和我要在治喪室洽談陳爺爺的後事要怎麼處理。另外，請問免洗杯和托盤在哪？」

「好，沒問題。」陳哥拿了幾本冊子和隨身用品起身說：「你要找的東西都在飲水機旁邊，記得用那種有把手的塑膠套杯放在下面。」陳哥率先走了出去，我趕緊將東西準備好，又回到治喪室分別將水遞給陳奶奶、少婦還有少年，也給宗賢和我自己倒了一杯。

剛坐下來時，少年的手機就響了，他低聲說了一陣，然後跟母親抱怨了一下，隨即拿著東西就先離開，留下母親和陳奶奶在治喪室繼續跟宗賢前輩討論陳爺爺的後事。

「先跟兩位介紹一下，這位是我們新來的實習專員，張忠翰，我們在討論時，他會在旁邊幫忙做筆記，還請兩位能放鬆心情。」宗賢先介紹我給兩位家屬認識，接著說：「那麼，可否請問一下，爺爺生前有說過或者有預先計畫要採用什麼樣的告別式嗎？」宗賢攤開桌上的規劃書、商品簡介和計算機、一本通書，以及喪家要填寫的資料和筆記本。

「爸的身體一直很硬朗，早上還會起來做早操、散步什麼的，因此沒想到會這麼突然……」說著說著少婦又哽咽了起來。宗賢趕緊將衛生紙遞了過去，說：「陳太太，您別這麼說，爺爺是很有福氣的，妳們把他照顧得很好，也過得很開心，所以爺爺才會壽終正寢，而且妳們還親自幫他擦身體、換衣服，爺爺一定會感到很開心的。」

聽著宗賢說了幾句話後，少婦才停止哭泣，重新打起精神，繼續跟宗賢說：「家裡就我和我老公、小孩，還有媽四個人，爸和媽只有我老公一個獨子。不過爸那邊好像還有幾個兄弟，但是他們都不在台北，有些也不在國內，或者已經往生了……」

「那可能要請您塡一下詳細的親族資料表，到時候安排座位或者寄訃文也好有個資料可查。那麼爺爺要跟祖先一起合葬嗎？還是要火化晉塔呢？」宗賢將一張資料表交給少婦，接著問。

「之前我老公買了一組相連的塔位，是他的朋友介紹的，爸應該就是送到那邊吧。」宗賢問過詳細地點和位置並做了筆記，然後開始翻通書。

「好的，那我們來選日子和告別形式好了。告別式應該是以台灣的佛道教儀式爲主吧！或者要幫爺爺設計客製化的告別式呢？」宗賢在通書上翻了翻，然後在一張白紙上寫出行事曆並選了幾個日子。

「這天原本是頭七的日子，後面的二七、三七我也都做了註明，一直到尾七和告別式。由於告別式那天剛好是星期一，不知道你們有沒有打算選別的日子，或提早一天舉行呢？」宗賢問。此時一直沉默的老太太突然轉了過來，表情有點悲傷但很堅定地說：「我老伴雖然在學校當教授，但他這個人節儉了大半輩子，就是爲了養我們一家大小和他不成材的弟弟，現在他走了，你們一定要給他辦一場風光的喪禮，知道嗎？」

「是的，陳奶奶，我會好好幫爺爺辦的，請不用擔心。」宗賢認眞地說，並將眼前的流程表攤了開來，讓陳奶奶和少婦可以看這些資料。

「那些二七、三七什麼的可以不用辦沒關係，爸好像不太信那些東西，但頭七和告別式的日子就請你們安排好嗎？」少婦接著說。於是宗賢和少婦還有老太太討論什麼時候要舉辦頭七的法事，也討論一些陳爺爺生前喜歡的東西，或者有什麼興趣，可以作爲禮儀師在設計告別式會場時的參考。

三個人談了一陣子，我在一旁幫忙做筆記，很快地時間過了一個多小時，不知不覺已經快十一點了。根據他們的對話看來，似乎還有許多事還沒有定論，包括壽衣的樣式、毛巾的款式和數量、紙紮、骨灰罐和棺木樣式等，談話當中，我注意到老太太的表情不斷有所轉變，凡是談到陳爺爺喜歡的東西時，她總是特別有精神，但在選擇日子、挑選樣式時反而沒什麼興趣。

「那我們今天先談到這裡好了，剩下的可以明天或之後再談，今天也算決定蠻多事情了呢！」宗賢接著說：「對了，可以冒昧請教一下嗎？您家公子和爺爺的關係怎麼樣？」

「其實在兒子小時候我和我老公都忙於工作，家裡幾乎都是拜託媽和爸打理，可以說兒子算是跟著爺爺奶奶長大的，可能是爺爺突然去世讓他有點不能接受……」少婦勉強穩住情緒，緩緩站了起來：「今天早上也麻煩你們了，我先帶媽回家休息，剩下的明天再談吧！」

宗賢和我趕緊起身送客，跟著陳奶奶和少婦一起走到門口。豎靈區已經多了幾位家屬在祭拜往生親人，不時傳來擲筊聲和喃喃說話聲，陳哥也不斷進進出出幫忙招呼家屬；沙發區坐著三位中年婦女，圍坐一桌正在摺紙蓮花和寶船之類的東西。

「那還請記得明天來的時候，把陳爺爺的資料填好，並且把一些陳爺爺的照片檔案和死亡證明書帶過來。另外……如果可以，請多挑些爺爺和奶奶或爺爺和孫子的合照給我們。」宗賢提醒了一下後，我們兩個站在門口目送著陳奶奶和少婦一起走上斜坡，消失在轉角處。

「你剛剛有注意到陳奶奶的表情嗎？」宗賢突然發問讓我嚇了一跳，我趕緊回想了一下剛剛跟陳奶奶還有少婦相處的情況，不禁覺得陳奶奶看起來相當寂寞，無法釋懷的樣子。

「明天她們來的時候，我會提醒她可以做些陳爺爺平常喜歡吃的菜來拜飯，或者帶些陳爺爺生前喜歡的東西放在供桌上，讓陳奶奶忙碌一點我想比較好，不然看起來無精打采的，似乎不太理想。」宗賢拍拍我的肩膀，一同轉身回到公司，繼續服務其他來治喪或祭拜的家屬，我也跟在一旁學習，盡量記住各種繁雜且需要注意的小細節。

到了下午一點多，來往的家屬才漸漸散去，我們三個人才有時間把便當微波準備午餐。今天的午餐是請店家外送的排骨便當，我們邊吃邊聊天，放鬆心情，順便討論下午的工作分配。

「陳哥，你下午要不要帶這小子去整理一下倉庫，順便跟他說我們什麼東西放在哪。要是沒有接體，外面我一個人就夠了。」宗賢吃了一口排骨說。這家便當看起來相當眼熟，應該是民生社區那間有名的店。

「可以啊！這小子早上做得怎麼樣？沒有給你搞笑添麻煩吧？」陳哥邊說邊吃東西，完全不在乎我是否就在旁邊。

「不會啦！這傢伙還不錯，我想沒有下午就落跑已經算是好的開始了，剛跟家屬治喪時也滿細心的，居然會注意到一些小細節和做筆記，不錯不錯。」宗賢笑著拍著我的背，害我差點嗆出一大口飯。

「忠翰，你有想過爲什麼要加入這個行業嗎？」陳哥吃了一口雞腿後放下便當，突然這麼一問，讓我有點驚訝。

「之前曾經參加過學弟的喪禮，當時就是公司在懷德廳的人幫學弟辦的，所以從那時就算有一點接觸了吧！退伍之後又經學長介紹才來面試，然後就來這裡實習了。」我先簡單說了一下加入的原因，因此便當剩下三分之一還沒吃完。

「你那學長也是做這行的嗎？」宗賢插話。

「嗯！他是我當兵時的學長，現在應該在安健院區服務吧？」

「是他啊！他之前也是陳哥訓練的。你們眞有緣，學長學弟都遇到陳哥。」宗賢大笑一聲又拍了我的肩膀，我想這是他的習慣動作吧！整個人散發出非常友善的樣子，就連不經意的小動作都讓人覺得他非常好相處又親切。

「陳哥在公司做很久了嗎？」

「陳哥啊……大概是從榮譽董事長開始辦葬儀社就開始在這裡工作了吧！」宗賢說。此時他已經把便當都吃光了。

「我入行大概十一年了，那時我們也才不過九個人而已，剛開始在安健醫院那邊接醫院往生室的案子來做，算一算也就是榮譽董事長開始改革往生室的時候。」陳哥一副回憶當年的樣子，眼神不經意的往左上方飄去，如果手上再多一根香菸的話，就更有Fu了。

「你有看過以前的往生室嗎？也就是醫院停屍間那樣的地方。」陳哥問。

「沒有耶！我還記得以前我阿祖去世時，家族裡的人找了一大群人來家裡搭棚子辦法事，所以沒去過醫院的往生室。」我回憶起小時候家裡辦阿祖喪事的情景，日夜不曾間斷的誦經聲似乎又在耳邊響起。

「以前的太平間可怕得很呢！往往位於醫院的地下室或比較不起眼的地方，大都是斑駁的油漆、昏黃的燈光、漆黑的走廊什麼的，再加上管理員多半已經相當年邁，給人的感覺總是陰森森的。」陳哥說完喝了口水，看了看時鐘。

「阿賢，我先帶他去倉庫整理好了，邊整理我邊跟他講。」陳哥率先起身準備工作，我也趕緊抓著吃完的便當盒跟了上去，後頭的宗賢笑著跟我們揮手，並起身走向外頭準備下午的工作。

收拾好餐盒和垃圾之後，陳哥帶我到治喪室旁邊的小門前，說：「這裡是倉庫，裡頭除了放一些打掃用具外，還有業務上會使用到的一些耗材或者工具，先進來看看吧！」陳哥推開門、打開燈，領著我進入倉庫。

倉庫現長方形，左右分別以不鏽鋼架分成三層，一些大大小小的收納箱和紙箱整齊地疊放在各自的位置，各種不同物品的外箱還貼有名牌，註明裡頭裝了些什麼東西。裡頭一點也不會悶熱或陰暗，而是跟外頭一樣有明亮的照明和舒服的空調。

「這張是清點單，你點一下每樣東西的數量並填在後面吧！我們一人一半，很快就能做完了。」說完陳哥從他眼前那箱東西開始點起，我則走到最後面，第一箱是童男童女，用紙紮做成的小人偶，兩個一組包成一小包，相當整齊地擺放在收納箱裡。

「對了陳哥，往生室爲什麼變成現在這個樣子呢？」清點數量時我也沒忘記剛剛的問題。

「其實啊！是因爲榮譽董事長當時碰到的事情，就是他母親剛好過世，被送到太平間，董事長去接他母親時才想到，自己是做殯葬業的，怎麼可以讓母親躺在這種又陰暗又令人感到冰冷的地方，於是出錢出力改善往生室的設備和裝潢，營造出現在這樣五星級的空間。」陳哥點完一箱之後，向我報了數字要我填上去，接著又點第二箱。

第二箱是空白的魂幡紙，每小包有二十條，另外有拆開過的，也清點裡頭還剩下多少。

「陳哥，可以問你個問題嗎？」

「可以啊！」陳哥這時又點了兩箱東西，足足比我領先了一倍。

「陳哥當初爲什麼會加入公司呢？」

「爲什麼會加入公司喔？我想想……」陳哥停下手邊工作思考了一陣子，隨即翻開新的一箱邊清點邊說：「我入行之前曾發生過一件大事，讓我有機會接觸到公司最早那幾位同事還有董事長，也就是因爲那件事，我才加入公司的。」

「是怎樣的事情？」

「記得九二一嗎？就是那件事。」雖然看不到陳哥的表情，但我可以感覺到陳哥的語氣突然變得有些冰冷，似乎不太想談這個話題。

「啊……抱歉……似乎提到你不太想說的話題。」我趕緊跟陳哥道歉，然後繼續做我的工作。於是兩人默默地在倉庫裡點東西，那股可怕的沉默讓我有些緊張，不敢再開口詢問任何事情。

「喂！菜鳥。」陳哥率先打破沉默。

「是，陳哥！」

「九二一那年，我和家人正好分隔兩地，我在台北打拚，家人則留在家鄉照顧小孩。地震發生的那個晚上，我怎麼打電話回家就是沒人接，一直打到早上。我想這也不是辦法，於是跟公司請了假趕緊開車南下，當時不管高速公路還是省道都嚴重塞車，好不容易下了交流道，已經是第三天的中午了……」

「接著呢？進山區的路都斷了，山崩啊、斷橋啊、土石流什麼的，把我回家的路都擋住了，不得已只好把車子停在路邊下車走路，繞過封鎖線，從只有當地居民才知道的小路回家，足足走了一天一夜。」陳哥說著說著，讓我不禁在腦中描繪著那可怕的景象，斷裂的橋梁、落石、山崩什麼的。

「好不容易到了家……不，應該說，好不容易到了之前稱之爲『家』的地方。我看到的不是房屋和道路，而是很多很多的志工，不知道他們到底是從哪裡來的，每個人都捲起袖子，不管是洗米煮菜、念經打掃樣樣來，那個景象一直停留在我腦海中，一天也沒辦法忘記。」陳哥拿出箱子裡的東西把玩了一陣，又塞了回去說：「我沿著志工搭建的帳篷一個一個找，一直找，一直找都找不到我的家人，我老婆、四歲大的小孩、我爸我媽全都找不到……原來，原來……他們全都被垮下來的房子壓死了……」

陳哥講話有些哽咽，就這麼靠著貨架輕輕啜泣著，一時手足無措的我也不知該怎麼辦，只是走到陳哥身邊拍拍他的肩膀，喉嚨裡不知卡了什麼東西，半句話也說不出來。

過了一會兒，陳哥收拾好心情又繼續說：「後來我在那些志工的協助下，找出家人的屍體一一安葬，就是在那個時候，我認識了公司派去服務的志工隊，回到台北之後，我就把原本的工作辭掉，決定加入公司服務了。」陳哥輕輕地將我的手撥開，很快地又繼續清點物品。

「趕快做吧！不然宗賢在外面忙不過來就糟糕了。」我點點頭，回到自己的崗位上，加緊腳步清點。於是兩人又這麼工作了三十分鐘，才把所有箱子清點完，塡好單子之後，跟著陳哥離開倉庫。

走出倉庫，看看外頭的時鐘已經將近四點多，宗賢正跟一組家屬在治喪室討論事情，阿偉則坐在接待櫃檯打電話聯絡事情，豎靈區也沒傳出擲筊或者跟家人傾訴思念之情的聲音，算是比較清閒的時候。

「等一下要準備晚上的拜飯，忠翰，你先去把清掃用具拿出來，我去看一下白板，並聯絡我這邊的其他家屬。」陳哥交代完之後轉身就走，我則先跑到廁所稍微清洗一下臉以便打起精神，又趕緊將清掃用具準備好。

此時阿偉掛掉電話，起身伸了個懶腰，表情饒富興味的看著我說：「如何？今天這樣下來還習慣嗎？已經工作快十二個小時了，還ＯＫ吧？」

「還好，目前工作還不會太累。我什麼時候開始值夜班呢？」

「根據以往的經驗，今天宗賢大概會讓你先回家洗個澡好好睡一覺，等明天晚上開始值第一次夜班吧！我看一下班表，明天值夜班的話會碰到誰呢……」阿偉隨手從桌下抽起一張班表研究了一下，然後抬頭說：「明天本來是宗賢和陳哥兩個人值夜班，加上你就是三個人，我可以回家好好洗個澡，睡一大覺嘍！」阿偉揉揉眼睛又伸了個懶腰，此時陳哥也從辦公室走了出來，示意我走向豎靈區。

「差不多該開始晚上的拜飯了。阿偉，外面就交給你顧了喔！」陳哥領著我進入豎靈區，重複著和早上一樣的拜飯流程，先收掉舊的飯菜及清掃，再換上新的飯菜，很快地就把這件工作做完。

當我們回到辦公室時，宗賢也剛好結束了跟家屬的討論走了出來，一路送家屬到外頭之後又轉回來。此時正逢吃飯時間，單位只剩下我們四名員工，也許晚上吃過飯後，還會有人來祭拜往生者也不一定。

「大家辛苦了啊！晚上要叫哪一家便當？」宗賢在辦公室翻著各家便當店的名片和菜單。看了看之後，宗賢像是想起了什麼轉頭跟我說：「對了，忠翰，你今天的工作先到這裡告一段落，你晚上跟人家有約嗎？要不要先回去洗個澡，休息一下？」

「好像有耶！我翻一下行事曆。」我從口袋裡出ipod看了一下，這才想起我今天跟學長約吃飯，要是遲到可就不好了。「宗賢，晚上我有跟學長約吃飯，那我……」

「沒關係，你先回去吧！不過明天早上你來的時候，記得帶換洗的衣服，明天晚上換你和我們一起值夜班喔！」我看到旁邊的阿偉一臉賓果的表情，不禁也露出會心的一笑。

「好的，我會記得的。今天謝謝大家嘍！陳哥拜拜，阿偉、宗賢拜拜。」我跑回辦公室將東西整理好。此時陳哥從桌上拿起一疊影印紙交給我：「裡頭的資料很有用，你回去看一下。」

「是，謝謝陳哥。」我將那疊紙收拾好之後踏出公司門口，跟大家揮手告別，一想到明天就要值夜班，不禁讓我有點興奮。回到租屋處，洗過澡換了衣服後，我趕緊騎著腳踏車前往松山機場捷運站，再轉乘捷運至忠孝復興站，出站後又步行了十來分鐘，才抵達今晚相約的餐廳。

學長穿著西裝早已在門口等我，一旁排隊的人潮相當多，幾乎排到街口轉角處，看來這家餐廳的生意非常好，如果學長沒有提前預約，不知要等多久才能進去吃飯呢！

「忠翰，在這裡，在這裡，快進來吧！」學長一看到我立刻熱烈揮手，不知他是不是剛下班就過來了。門口接待的小姐幫我們帶位，並送上菜單和茶水，學長招呼我坐下，我立刻注意到學長的座位旁還有一位穿著套裝的女子，從她的裝扮和一旁的公事包看來，也是剛下班就趕來了。

「先跟你介紹一下，這是我現在的女朋友巧莉。巧莉，這是我當兵時的學弟忠翰，現在也和我一樣在當禮儀專員喔！」學長一臉喜氣洋洋的說著，看來正陷入熱戀中。

「您好！忠翰，我是巧莉。」禮貌性地握過手後，我也趕緊在他們對面坐了下來，翻開菜單看看今晚有什麼好吃的。

「巧莉也是做禮儀師的嗎？兩位是怎麼認識的？」碰到難得可以八卦的機會當然不能放過，我在點了菜之後立刻追問學長。只見學長和巧莉先是相視而笑，然後才轉過頭來說：「我和巧莉是人家介紹的啦！是我之前一個案子的家屬介紹的。」

「是啊!你學長當初幫我們家辦了爺爺的奠禮，那時候在治喪過程中我就覺得他很不錯，後來辦完告別式後，我爸媽也對他很有好感，後來就開始交往了。」巧莉也一臉甜蜜的說。

「哇塞!那眞是恭喜兩位了，連爸媽都很有好感，看來可以很快結婚了啊!學長。」看到學長如此幸福，不禁讓我感到相當欣慰，畢竟之前學長可是被稱爲「綠帽王」的超級衰人呢!

「別在那邊給我亂敲邊鼓，我可是還需要好好努力才行，不然怎麼配得上我家巧莉。先別管我了，你今天上班狀況怎麼樣?在哪個單位實習?」學長停止了跟女朋友的打鬧轉頭看我，將話題轉回我的工作上。

「我在大山醫院實習，前輩他們都對我很好，而且之前帶你的那位陳哥也在大山喔!」

「陳哥啊!他可是一位相當資深的禮儀師呢!能跟到他眞是你的福氣。那你什麼時候開始接體?開始値夜?」學長喝光眼前的一杯茶，接著又倒了一杯放涼。

「不知道吔!宗賢說我明天値第一次夜班試試看，不知道會不會遇到接體，其實我還滿緊張的。」正當我說到此時，服務生分別送上今晚的餐點，三籠熱騰騰的小籠包和兩碗雞湯，後頭還跟著一盤炒青菜和一碗紅燒牛肉麵。

「不用擔心啦！接體沒什麼可怕的，往生者是不會害你的。」學長接過牛肉麵放在自己眼前，先用湯匙喝了一小口，然後發出一聲讚歎的長呼。

「趁熱吃啊！要是涼掉就沒那麼好吃了。」學長夾起一顆小籠包放在湯匙裡，先是將它咬破讓湯汁流了出來，接著再淋上一點點醬油，油亮湯汁的確讓人食指大動，不愧是這家餐廳的招牌菜。

我們邊吃邊聊，不知不覺也過了二十多分鐘，學長已經將牛肉麵吃了個乾淨，覺得還不夠飽，又叫了一盤炒飯。看來學長退伍之後身材急速改變不是沒有原因的，雖然還沒有到胖的地步，但當兵時鍛鍊出來的肌肉此時看起來已經軟化許多。

「學長，專員和禮儀師有什麼工作上的差別啊？」我突然想到這個在網頁上看到的問題，於是開口詢問。

「這個問題問得好。剛入行時都是從實習專員做起，如果能夠撐過實習這個階段，就能正式成為禮儀專員，成為公司的一分子了。」學長扒了一口炒飯繼續說：「當上禮儀專員之後，就在公司裡面服務，主要是協助禮儀師，像是接體啊、搬東西啊、大體的洗穿化等比較勞力的工作，這些都是專員要做的事。這個時候，如果你想要晉升，或者你的主管覺得你很不錯，應該繼續往禮儀師方面發展，他就會推薦你參加公司的內部考試，不過參加考試之前有幾件事必須先完成。」

「完成什麼？」

「除了要取得生命禮儀方面的修習學分外，還要參加喪禮服務丙級技術士技能檢定考試，你得先拿到證照才行，聽說這兩年內也會有乙級證照的檢定考試。所以公司內部的禮儀師，全都是經過國家認證的喔！相當專業吧！」學長相當自豪的說。

「那晉升到禮儀師之後，工作上有什麼改變？」

「成爲禮儀師之後啊！主要工作就變成跟家屬治喪，要能夠好好規劃一場告別式，從接往生者大體到入殮、出殯，都要一手包辦，不過那個成就感可是當專員時無法體會的呢！」

「從跟家屬接洽一直到出殯啊……」

「是啊！跟你分享一個我之前當專員時的案例，眞的很感人……」學長終於把炒飯全吃光，先用茶潤了潤喉嚨才開口繼續說：「事情是這樣的，往生的是一位七八歲的小朋友，阿公阿嬤帶他到遊樂園遊玩，意外的被倒下來的柱子壓到，不幸過世了。阿公阿嬤一直很自責，不知該怎麼做才好。帶我的禮儀師就安慰他們說，人到世界上算是來受苦的，小朋友時間到了是要回去享樂了。」

「禮儀師跟我一直很主動的接觸阿公阿嬤，還有小朋友的爸媽，時常陪他們聊天。後來禮儀師有個建議，既然小朋友很喜歡到遊樂園玩，不如把告別式布置成小小的遊樂

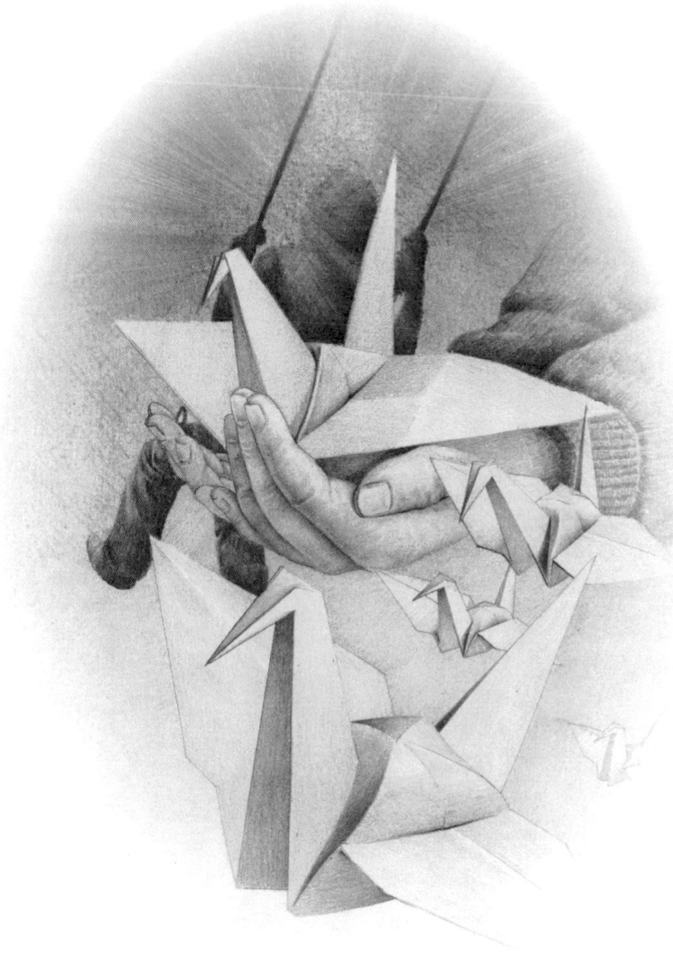

場，讓小朋友開開心心的離開。」學長一邊說一邊掏出手機，翻找著過去的照片記錄。

「你看，當時會場就是布置成這樣，那個鞦韆還是我跟禮儀師一大早用童軍繩和小木板綁的，弄得很不錯吧？」除了鞦韆之外，我還看到三輪車、溜滑梯和風車、草原的圖畫什麼的，再搭配小朋友四處玩耍的照片，看起來格外溫馨，就像一座眞的遊樂園。

「告別式當天，小朋友的國小老師和同學們都有來。你看，這些紙鶴是他們摺來送小朋友的，看起來很棒吧！」學長轉到下一張照片，小朋友們人手一枝玫瑰花，看起來就像要參加什麼溫馨的派對一樣。

「其實，我們承辦這場喪禮是有重要意義的，你要記好這五點，第一是盡哀，第二是報恩，第三是養生送死之節，第四是教孝的功能，第五是族群的整合與關係認知的改變。」學長轉成一副認眞的模樣，一旁的巧莉則貼心的幫學長把茶杯斟滿。

「盡哀，是要讓家屬在守喪期間能盡情釋放哀傷的情緒，專心回味與往生者共度的那段美好時光。」學長先伸出食指，接著又伸出中指：「報恩，是要報父母從小到大的養育之恩；而養生送死之節則是禮節，在養育小孩成長及辦理喪事時都要遵守固定的禮節。」

「另外，提到教孝的功能就比較難解釋了，簡單來說，一場喪禮也有提醒親朋好友及鄰居鄉親們，要趁親人還在的時候孝順他們、侍奉他們的意義存在。」最後，學長將整隻手攤了開來說：「族群的整合則是在告訴往生者的家屬們，因爲這位往生者的離開，平常在外四處打拚的人都會聚在一起，共同爲這位往生者做些什麼，有錢出錢，有力出力。而且，每個人都會因爲這位往生者的離開，而改變自己的位子。」

「就像是父親離開之後，大兒子或長孫就要站出來，幫忙扛起一個家這個意思嗎？」我接著說。

「是啊！每場喪禮多少都會改變一個家的關係，是變好或變壞沒有人可以斷言。而我們當禮儀師的，就是要努力幫忙做好這件事，在他們悲傷時伸出撫慰的手，幫助他們釋放悲傷，並且用專業知識協助他們說出心裡的想法，盡量辦一場讓家屬們沒有遺憾的喪禮。簡單的說，就是要圓滿，讓事情、也讓關係圓滿。」學長將茶一飲而盡，親密地將手搭在巧莉的肩膀上。學長的一番話讓我相當感動，對於我正在學習的事情又有了新的認知和體悟。

結束了與學長的餐敘之後，我早早回到家洗澡休息，並把明天要用的換洗用具和衣服準備好。爲了明天的値夜我得要儲備好體力，不要給陳哥和宗賢兩個人添麻煩才行。

4 初體驗

「陳奶奶早、陳太太早，今天比較早來喔！」宗賢一看到他們從入口走進來，立刻起身打招呼，親自上前迎接。看了看時間，我們才剛完成早上的打掃工作和拜飯，不到八點半他們就來了，比昨天整整提早了半個小時。那名心不甘情不願的少年也跟在媽媽後面，依然一臉不快的樣子。

「我們先跟爸上香說說話。媽，這邊走，小心喔！」陳太太扶著陳奶奶的手臂和肩膀，親自引導她一同走往豎靈區，兩人的背影看起來格外嬌弱瘦小，走在後頭的少年卻看不出有幫忙的意思。

「你先把治喪室整理一下，把昨天討論的那些資料拿出來放好，等一下還要繼續跟陳奶奶和陳太太商議。」宗賢小聲地跟我說，接著也跟著進入豎靈區，陪伴陳奶奶他們上香。

我跑到治喪室，向陳哥問清楚治喪時需要的資料和東西，並將它放在治喪室辦公桌上，並倒好水和茶，準備了一些餅乾和點心，再到外頭等陳奶奶他們。雖然早上八點半還不到，公司已經來了許多上香祭拜的家屬親友，暨靈區傳來輕輕的擲筊和說話聲，還有一名穿著法袍模樣的人，正敲打著一枚東西發出叮叮的聲音，口中喃喃地念著佛經法號。

「陳哥，那位法師在敲什麼東西？爲什麼其他人和阿偉要在旁邊跟著，手上捧著的是？」

「那位法師敲的是法磬，正在做移靈儀式。阿偉今天中午還有一場告別式，現在他們要把神主牌及往生者的靈魂一起帶到會場去，因爲我們會當作往生者還與我們同在，就是所謂的侍逝如親、視逝如生，所以出門、進門、上車，或者去哪裡都會跟他說一聲，提醒他。」陳哥解釋道。

「原來如此。謝謝陳哥，我先去忙了。」看到陳奶奶他們已經跟著宗賢走了出來，我也迎上前去跟他們一同走進治喪室，這時我發現少年已不在媽媽身後跟著，也許是祭拜完之後就離開了吧！

「陳奶奶，想請問一下，陳爺爺之前有什麼喜歡吃的菜嗎？」待大家坐定，宗賢以他那溫暖而又充滿活力的嗓音問著。老太太先是皺眉思考了一陣子，臉上的表情似乎有些變化，接著緩緩地說：「他喜歡吃日本甜點，還有壽司之類的東西，以前去外面吃飯，他最常點這些東西。」

「嗯！那陳奶奶明天來上香的時候，也可以準備一些壽司和甜點，我們可以放在供桌上讓陳爺爺吃。」宗賢說。老太太的表情先是疑惑，然後又露出一點開心的樣子，但還是語帶保留的問：「這樣可以嗎？祭拜時不是只能放素的，壽司裡面有不少的肉吔！可以這樣放嗎？」

「沒有關係的，陳奶奶，祭拜時本來就可以放往生者平日喜歡吃的東西，就像他還在我們身邊一樣，而且您要記得自己多準備一份喔！不然陳爺爺看到您這樣都沒吃飽、不開心，他會擔心的啦！」宗賢伸出手輕拍陳奶奶的肩膀，老太太的表情軟化了許多，看來似乎放下了什麼重擔一般。

「好好好，那我下午就給他買壽司，晚上他就可以吃到了。」老太太看起來開心許多，一旁的少婦也露出放鬆的神情。

「那我們繼續討論昨天的事。昨天已經決定了一些重要的時間和地點，今天我們來討論告別式的其他細節好嗎？包括用品的價格，以及可以額外更添的部分，等會我會詳細跟兩位解釋清楚。」宗賢接過我手邊的資料，攤放在陳奶奶和少婦兩人的面前。

「那麼我們先決定爺爺壽衣的款式好了，請陳奶奶看一下，這是目前我們有的一些款式，每件的設計都不同，價格也都標在後面。」宗賢依序翻頁，是一張張印著各種壽衣圖案的彩色圖片，上頭也都標示著清楚的價格和各種尺寸，可以自由選擇。

「一般來說，我們會建議在告別式前為往生者換穿壽衣，因為爺爺的身體經過冰存之後再退冰，身體會產生一些大小的差異，以前的衣服可能就穿不下了，而且我們的壽衣都是環保材質做的，火化時也比較不會生黑煙什麼的。」宗賢解釋說。

「這件風衣款式後面的翅膀還可以拉起來是為什麼？」陳太太指著圖片上一件類似風衣的大外套式壽衣問。

「這件是公司今年的新產品，後面的翅膀在入殮時會請各位幫爺爺拉出來罩在他的身上，象徵著可以保護爺爺的靈魂安心上天堂，有展翅飛往另一個國度的意思。」宗賢又從另一本翻出一張棺木的樣式圖給陳奶奶看，指著上頭的圖案說：「這個跟這套壽衣算是一組，兩者可以搭配，我們特別把棺木設計成書本的模樣，象徵爺爺的一生就是一本獨一無二的生命典籍，棺木天蓋板上面的圖案可以由各位一起來設計和選擇。」

接著陳奶奶和陳太太又看了一些產品目錄，宗賢也相當熱心的解釋各種相關專業知識，彼此又討論了一個多小時才把壽衣、棺木和骨灰罐這些東西的樣式決定下來，並在報價單上簽名，確認她們所選擇的用品和服務。我注意到上頭有一項禮體淨身ＳＰＡ的特別服務，讓我十分好奇。

「今天又把很多事情決定好了呢！陳奶奶和陳太太今天也辛苦了。」宗賢接著說：

「接下來有些細節我會先安排好，這些不會增加費用，如果要加我會把它列出來，等你們確定之後再安排，這樣可以嗎？」

「今天也麻煩你了，宗賢先生，眞的很感謝你這樣幫我們辦事情。」陳奶奶主動開口感謝宗賢，年邁的雙手緊緊握住宗賢的左手輕輕地搖動。

「這是我們應該做的，沒什麼啦。」宗賢右手在腦後搔著癢，一臉不好意思的說。

「對了，昨天請你們帶的文件和資料有帶來嗎？那對我們接下來規劃陳爺爺的告別式很重要喔！」宗賢轉向陳太太問。少婦趕緊從包包裡掏出一大只牛皮紙袋交給宗賢：「你不說我都忘記了，昨天下午回家我找了一下午，媽說這些是爸以前到現在所有的照片了，因爲爸不是很喜歡拍照，所以只有這麼一些。」

「沒問題，只要有東西，我們就能夠盡量使用到最好最多，這幾天我就設計規劃一下，頭七之前，我會把大概的構想給陳奶奶和陳太太兩位看，到時候我們再來討論爺爺的告別式要怎麼辦好嗎？」宗賢接過牛皮紙袋，三人又寒暄了一陣，她們就回去了。我和宗賢回到辦公室，東西放下後休息了一下，距離中午還有一兩個小時，外頭的家屬們暫時沒什麼事情需要幫忙。

只見陳哥待在座位上打電話，在跟家屬討論著往生者骨灰罐的事情。宗賢從桌上拿起水杯喝了一大口，接著又對我說：「陳爺爺的告別式你有什麼想法嗎？這可是個腦力激盪的好機會喔！」

「不知道耶！目前我只想到跟他孫子有關係……」

「喏，已經掌握到一個重點了，不錯喔！接下去，再想想看。」

「是不是跟孫子和爺爺合照之類的有關係？」我試探性的發問。

「大概是這個方向了，我們來試試看能不能藉著這場告別式，重新修補這個少年對爺爺的情感，如果能讓他坦然面對自己對爺爺的心情，應該很不錯吧？」宗賢輕輕笑著說，我想我大概能夠理解他的意思了。

「好，那麼晚上值夜的時候我們再來想想看好了，下午先處理其他的事情。陳哥，便當就麻煩你叫了，我要吃排骨。」宗賢微笑著跑出辦公室，迎向外頭正在尋求幫助的家屬。

「忠翰，你要吃什麼？我一起訂吧！」陳哥拿起電話和名片本，挑選今天中午的便當店。

「跟宗賢一樣就好了，陳哥謝謝！我去幫忙了。」

用過午餐之後，陳哥也騎車外出，到第一殯儀館監督告別式的事前準備，我和宗賢兩人則留下來服務家屬。趁著下午有空檔，宗賢也打電話聯絡廠商，把一些家屬們訂的物品和訂單處理好，順便交代我說要做什麼，要聯絡誰，什麼服務要找哪個單位，也教了我一些文件和表格的填法。

下午一直忙碌到六點多，來上香或者諮詢的家屬們才漸漸散去，陳哥和阿偉分別打過電話回來問說要不要買便當。等到七八點多大家都用過餐後，阿偉先收拾東西回家休息去了。

晚上並不特別忙碌，幾名家屬分別來祭拜和治喪，豎靈區常常響起硬幣碰撞的聲音。我一直跟在宗賢或者陳哥身邊學習，比如幫忙帶家屬去豎靈區，陪家屬一起祭拜往生者，或者幫忙教摺紙蓮花、幫忙搬東西什麼的，雖然只是做些雜事或跑腿的工作，但看到家屬們都露出滿意的微笑，更讓我覺得所做的一切是相當有價值的。應該說，並不是金錢可以衡量的價值。

晚上十點左右，家屬們也都回家休息了，我們各自盥洗過後，終於到了值夜時間。猜拳決定第一個睡覺的是陳哥之後，我和宗賢依然穿著西裝褲和襯衫，悠閒地靠在沙發上聊天並檢討今天上班的狀況，等到凌晨一點之後再叫陳哥起來換班。

「平常都是三個人值夜班嗎？」我在沙發上伸著懶腰，深夜的公司裡頭，我們將大部分的燈都關掉，只留下沙發區上頭的照明，悠閒的氣氛在這裡油然而生，看著桌上的飲料和點心，我不禁有種值夜還滿輕鬆的錯覺。

「平常只有兩個人，一個人睡覺，一個人守夜，等你實習到第二週再讓你加入正常值夜的順序，這星期我看還是三個人輪流睡覺好了；先讓你熟悉一下晚上不睡覺的感覺。」宗賢笑著說。

「對了，宗賢前輩，你有想到要怎麼布置陳爺爺的告別式會場了嗎？我一直很想知道要怎麼做才好。」突然想到宗賢下午說過，晚上要跟我討論這件事情。

「如果按照公司『用你想要的方式道別』的設計來說，我會先選一些照片放大作爲布置空間的基本架構，從入口的收付處開始，所有來賓都會看到陳爺爺過往的一些生活照片，包括跟家人的合照之類的；接著我會再問問陳奶奶，爺爺生前有什麼特別的興趣，大概就朝那個方向發展吧！」宗賢雙手交疊在後當枕頭，舒服的躺在沙發上，怎麼看都像是快睡著的樣子。

「那陳爺爺和他孫子的關係呢？你不是說要讓他表達出自己的內心感受嗎？」我又追問道。宗賢悠哉悠哉地翻了個身說：「等會你去翻翻陳太太給我的那疊照片和資料，就會知道我想用什麼來裝飾會場了，我早就計畫好了呢！」

聽到宗賢如此篤定又胸有成竹的說法，我很快就被他說服了。看著宗賢仰躺在沙發上閉目養神，我也靠著沙發翻起桌上的八卦政論雜誌，消磨夜晚時光。

時間一分一秒過去，不知不覺已到了凌晨一點。當我被宗賢拍醒時，我還不知道自己為什麼陷入睡眠。我揉揉眼睛，從沙發上站了起來，伸了個懶腰，讓全身關節活動活動，背部的脊椎因為躺在沙發上姿勢不良而發出喀啦聲。

「真抱歉！我不小心睡著了。」

「沒關係，第一次值夜難免不太懂得調適體力，剛看你睡著的時候我就爬起來了，下次注意點就好了。差不多要叫陳哥起床了，換我到床上躺著睡嘍！」宗賢笑著走向值班室，正準備打開房門叫醒陳哥時，裡頭突然傳來電話聲，連接待櫃檯、辦公室的電話也都同時響了起來。

「這是？」我趕緊走到旁邊，似乎有什麼事情發生了。

「有接體了，你先去叫醒陳哥。」宗賢接起電話回覆著：「喂！您好，我是宗賢。好，請問是哪層樓的病房？好，好。請問家屬已經到了嗎？嗯……好。家屬已經在路上了是嗎？好的，好的。請問家屬有什麼特別的宗教信仰嗎？嗯……好。我們馬上就上去，謝謝。」

當宗賢掛斷電話，陳哥也換好衣服走了出來，正準備到廁所洗把臉，重振一下精神。

「忠翰，有接體了，剛剛有一名廖姓老先生往生，家屬已經在趕過來的路上，那麼等會就由我帶你上去接體。陳哥！」宗賢尋找著陳哥的身影，陳哥從廁所外的洗手台探出頭來。

「陳哥，等會這裡就麻煩你了，先幫我準備一下助念室。」宗賢交代完之後便前往助念室做準備。隨即宗賢帶著我跑到冰櫃區外頭的走廊，相當虔誠地拜了拜之後，轉頭看著我說：「等會進去時一樣保持尊敬的心情，裡頭是冰存往生者大體的地方，我們只是進去推車子出來，跟我來吧！」宗賢將拉門往旁邊推開，映入我眼中的是一片潔白的方形空間，左手邊總計有十二個冰櫃，門上有的是空白的，有的則寫著往生者的姓名和冰存的日期。

右手邊停放著兩台接體用的鋁製推車，下頭擺放著整齊收好的各種用品。宗賢先蹲下來檢查，順便告訴我各種用品的名字：「這台就是我們院內用的接體車，去接體時一定要先準備這些東西，像醫護人員檢核表、往生被、大體保護袋、手套、口罩、護理墊、手環、資料表，還有公司的DM等，等會你就跟著我做，我會盡量仔細教你，不用擔心。」

接著我和宗賢兩人將接體車推出冰櫃區，跟幾位往生者說聲打擾了後，沿著走道往公司外頭走去，經過櫃檯時，陳哥用大拇指跟我們比了一個手勢，好讓我抒發因突然要接體而感到緊張的心情。

推著車小跑步出公司玻璃門後立刻右轉，眼前道路一片漆黑，像是最先需要突破的障礙。但我沒時間緊張，宗賢已經拉著接體車往前跑去，那條黝黑的走道像是大口一樣將我們吸了進去，直到宗賢啪的一聲打開電燈，我才彷彿穿越了一整個時代，周圍牆上掛著各種宣傳品和習俗文宣。

沿著這條醫院與公司相連的道路走到底，再左轉到達院內大電梯，從B1坐著電梯往上的同時，一股莫名的壓力讓我有些反胃，一手扶著接體車的鋁條扶手，一陣冰冷的感覺襲來，我等待著電梯將我送往我生平第一次的接體。讓人非常緊張的接體，我完全不知道往生者的大體碰觸起來會是什麼感覺，會有多少重量……

「不要擔心啦！接體不是非常可怕的事情，在醫院往生的病人原則上都不會太嚇人，等遇到那種意外死亡的再來害怕吧！」宗賢拍拍我的肩膀，一臉微笑的表情讓人輕鬆不少。

電梯停在二樓，開門時一陣陰涼的冷氣吹在臉上，我們直達加護病房門口。宗賢按了密碼，封閉的電子門立刻打開。一進入加護病房的封閉區域，就能看到護理站還亮著微光，兩名值班護士正在那為隨時需要幫助的病患做準備，也許那兩位護士也是常常要值夜班，看起來一副相當疲累的樣子。

「妳好，我們是來接體的，這是我們新來的實習專員，還請多多照顧。」宗賢相當熟門熟路的跟護理站兩位護士打招呼，看來跟她們也相當熟稔。

「是二一六室的廖開慧先生，剛剛已經通知家屬了，等一下就會到，你們在外面等一下吧！」一名護士說。她的臉看起來像十天沒睡好，臉上已經有點脫妝，眼角的眼線活像埃及豔后。

「這張給你，收好喔！」另一名護士將一張接體通知單交給宗賢。宗賢確認過上面的資料後，將之收入口袋，並說：「那我們先確認往生者的資料吧！麻煩妳們嘍！」宗賢拿出醫護人員檢核表放在桌上，上頭有各式表格需要填妥，以便宗賢能夠確認往生者身分、死亡原因、護理站名和病房號碼之類的項目。

「你們最近是不是很累啊？我好像常常看到你們跑來跑去。」一名護士跟宗賢搭話，兩個人稍微放鬆聊著最近的工作，不外乎都是睡眠不足、工作過量，或者碰到激動的家屬比較難以處理之類的雜事。我們在護理站等了將近十分鐘，電梯才從一樓將家屬帶了上來，一名中年男子和一名年輕女孩走了出來，焦急地走到護理站詢問。

「我爸怎麼了？我爸怎麼了？快跟我說。」男子很激動地拍著護理站的桌子，一旁的護士趕緊出聲阻止：「先生，請不要這樣，這樣會吵醒其他病患的，先生請你冷靜點。」

「廖先生，請您不要這麼激動，請先跟我們進去看看您父親好嗎？」另一名護士也努力安撫廖先生的情緒，一旁年輕女子也不斷拍著中年男子的肩膀，但那女子的眼中還滲著淚光，看起來像是強忍著悲傷。

「好……好……我先跟妳們進去，快帶我去看看吧！」廖先生終於控制好自己的情緒，低下頭來任由年輕女子攙扶著，兩人隨一名護士小姐往病房走去。我和宗賢也默默推著接體車跟在後頭，直到走廊外頭才停了下來，等到護士小姐先帶他們兩人進去後，我們再接著進入病房。

病房裡只有一盞燈是開著的，四張病床中最靠門的這張是廖開慧老先生的病床，其他三床有一床沒有人住，另兩床的病人似乎已經熟睡，並沒有因為剛剛的騷動而驚醒。

廖先生一進門就撲向他父親的病床，趴在他父親的手邊跪了下來，不斷從他壓在棉被下的臉孔傳出哽咽的聲音；跟在身邊的女子則是一直拍著他的背，低聲說著：「爸，您不要太傷心……」「……爺爺算是過得很幸福……」之類安慰的話。

「廖先生，這兩位是禮儀公司的服務人員，他們會協助您處理廖爺爺的後事，這裡先為您介紹一下。」護士小姐輕拍了廖先生的肩膀並壓低音量，深怕吵醒了其他病人。

「廖先生，您好，我是生命禮儀公司的吳宗賢，這是我的名片。」等到護士小姐介紹之後，宗賢才上前走到廖先生旁邊遞上名片。此時的廖先生已經平靜許多，也壓低音量低聲跟宗賢交談著。

「吳……吳先生，你們公司可以……提供……什麼樣的服務，讓我爸……走……走得安穩又平順嗎？」廖先生看了看名片，隨手塞在口袋裡，一旁的女子還是扶著他的肩膀不說話，眼睛一直看著躺在床上的廖老先生。

廖老先生有一頭稀疏的白髮，躺在病床上像是睡著了一般，似乎也沒有什麼特別的病痛或者明顯的外傷之類的，蓋在被子裡的身軀看起來安詳而平靜。

「廖先生，我先跟您解釋一下。我們的服務目前有許多是不收費的，首先是安排爺的大體接到我們公司後，先在助念室爲爺爺助念八小時，這時候盡量請家屬們都能來到爺爺身邊，陪伴爺爺走過這段時間。如果想要請師姐來幫忙助念，可以請她們到我們公司的助念室。此外如果在我們這裡豎靈，也可以享有許多比較好的服務和空間……」宗賢低聲解釋了一下接體之後在公司豎靈的狀況和價格，也跟公家殯儀館比較了一下。

廖先生沉默了一陣子，似乎是下了什麼決定才開口：「那麼就讓你們做吧！請你們一定要把我爸爸的後事辦好……」廖先生緊緊握住了宗賢的手。

宗賢也回握了一下，用堅定的眼神接著說：「我們一定會盡全力爲廖爺爺服務，請您不用擔心。」接著宗賢轉頭看了我一眼，然後將接體車從外頭推了進來，停在廖爺爺的病床邊。

「先爲您解釋一下我們接體的流程和等會要做的工作。首先我們會先幫爺爺蓋上往生被和蓮花被，接著裝上大體保護袋搬上接體車，再一起搭電梯到樓下的公司，有免費提供的助念室，家屬們可在裡面幫爺爺助念，之後再安排後續的事情……」宗賢一步一步的解釋給廖先生聽。廖先生一邊聽一邊點頭，一旁的女子則沒什麼多大反應，依然專注地看著廖老先生的臉孔。

「接著再跟您確認一下爺爺的一些基本資料。請問爺爺是廖開慧老先生對嗎？」宗賢繼續跟廖先生確認資料。

「請問兩位是爺爺的家屬對嗎？」

「是，我是他兒子廖大智，旁邊是我女兒。」

「那麼，請問爺爺有購買生前契約或者有什麼特別的宗教信仰嗎？」

「我們家沒有特別的信仰，也沒購買什麼生前契約。」

「爺爺身上有什麼貴重物品嗎？請您記得拿下來。」廖先生開始檢查父親的手腕、脖子和手掌，接著取下兩枚戒指和一只手錶交給女兒收好。

「那麼，我們將按照剛剛跟您說的流程，開始幫爺爺接體，等會有需要請您幫忙的地方時，還請您幫忙喔！」宗賢說完，拿出手套戴上，再次確認了爺爺身上沒有其他貴重物品，接著取出手環爲爺爺戴上，並跟廖先生再次確認爺爺的名字和基本資料。宗賢和我一起將接體車推到病床尾端橫放，他站在爺爺肩膀處，我則站在爺爺的大腿和臀部之間。

「廖爺爺，我們現在要準備為您移身體，請您不用緊張，您的兒子和孫女都在旁邊陪著您。」接著宗賢從接體車下頭拿出往生被和蓮花被，跟我一同為爺爺蓋住全身，再用大體保護袋將爺爺整個身體包覆起來裝好。

「廖先生，可以請您跟我們一起把爺爺抱上接體車嗎？」宗賢轉頭詢問廖先生。只見廖先生很快地走向前站在一旁，眼神相當堅定。

「好的，那麼我會扶起爺爺的肩膀和頭部，請廖先生抱爸爸的腰部和背部下面。忠翰你要負責抬起爺爺的臀部和大腿，千萬不要鬆手喔！」宗賢指揮完之後，等待我們都將手的位置擺好。隔著屍袋和兩條被子、衣服等東西，幾乎感覺不到我預想的大體上的冰冷。

「爺爺，我們要把您抱起來了喔！您的兒子也來幫忙了。」宗賢輕聲地跟爺爺說話，接著轉頭看向我們：「一、二、三。」在宗賢數數之下，我們三個人一鼓作氣將爺爺的身體抱了起來，除了輕微的重量之外，我居然沒有任何感覺，所有的害怕與緊張都消失一空，腦中幾乎一片空白。

「忠翰，開始往後退，慢慢繞到接體車尾端。好，好，一起轉。對，廖先生您做得很好，爺爺讓您抱得一定很舒服，很好。」按照著宗賢的指揮，我們三人已經站在接體車前面的位置，開始慢慢地放下爺爺的身體。

「很好，慢慢來，慢慢來！好，輕輕地放手。」雖然只有短短幾分鐘，我卻覺得從抱起爺爺大體的一瞬間到現在，幾乎已經度過了一個月。看著爺爺那躺在接體車上安詳的表情，心中總覺得有種欣慰之意，能為廖爺爺服務眞是太好了。

「廖先生，我們將推著接體車帶爺爺一起下樓到公司的助念室，你們也可以請師姊來幫爺爺助念，請您也趕緊聯絡其他家人，能來的都請他們來，一起陪爺爺好嗎？」宗賢先將病房門打開，接著跟我一起推著車子來到走廊上，另外又交代了一句：「廖先生，可以請您的女兒幫爺爺辦遺體離院手續、開死亡證明書等事項嗎？先把這些事情處理好，死亡證明書先申請個十張左右。」

「好，好，謝謝你們，那我先跟你們下去。家玲，妳快打電話給媽媽，然後把吳經理剛剛說的事情先處理一下。」於是，廖先生與我們一起推著接體車去搭電梯，他的女兒則留在護理站處理事情並打電話。

當我們回到公司時，陳哥和廖先生親戚介紹來幫忙助念的師姊已經坐在沙發上等我們了，一看到我們進來，陳哥立刻在門口迎接。

陳哥在前頭開路，我們則推著爺爺在後面跟著，一路上還不忘提醒爺爺現在要進門，等一下要轉彎等。到了助念室前，陳哥拉開拉門打開裡頭的燈，然後拉著接體車車頭緩緩倒退，小心翼翼地推進助念室，並領著師姊和廖先生進去，接著在廖先生協助

下，將爺爺的大體保護袋解開，讓他安詳地躺在我們的接體車上。

「廖先生，請您先幫爺爺助念，師姊會教您如何念佛，並且陪著您，引導著您幫爺爺助念。師姊還會幫您播放念佛機，還請您和家屬都跟著念佛機爲爺爺助念，幫助爺爺前往西方極樂世界。」師姊穿著淺色上衣和深色卡其褲，外頭還加了一件背心，背心上寫著諾那精舍幾個字樣。師姊手上掛著一串佛珠，雙手合十，很虔誠地行了個禮。

「廖先生，您好！我是諾那精舍的助念師姊，義務爲往生者服務，這一袋結緣品還請您收下，日後可多念念裡面的佛號或者經典。」接著師姊將一袋包裝好的書本交給廖先生。

「那我女兒和其他人怎麼知道我在這裡？」廖先生隨手收下了師姊的結緣品。

「我們會在助念室門口牌子上標明爺爺在這裡，也會有同事在接待櫃檯服務，請您不用擔心。」宗賢和陳哥、我三個人一鞠躬之後，靜靜地關上助念室的門，裡頭先是安靜了一會兒，接著開始傳出師姊念誦佛號和廖先生跟著的念佛聲。

5 伴

「如何，第一次接體的感覺怎麼樣？」我們三人回到辦公室，宗賢先是拍拍我的肩膀，接著分別坐在自己的位子上，宗賢一邊拿出資料一邊問。

「不……不太會形容這種感覺……我覺得能夠幫爺爺接體眞是太好了，而且他的兒子也能親手來幫忙，那種感覺……我不太會形容。不過，好像也不太會害怕或者擔心什麼的，畢竟是爲人服務嘛！」我一隻手在腦後搔著，不太確定的回答，原本擔心或者害怕的那些情緒早就消失在雲端，只剩下一種要爲人服務的心情，支撐著我早就透支的體力。

這時我才發現，現在已經是凌晨兩點半。

宗賢先將一些要跟家屬商議、豎靈時會用到的文件和資料都準備得差不多了，接著要我先去洗臉刷牙，上床躺一下，六點多再起來。

「你看起來已經快不行了，還是先讓你睡一下吧！等會外頭讓我來就行了，等助念結束也快要十點多了，到時還要與家屬討論跟豎靈，你先和陳哥去睡一下，六點多再起來打掃，準備拜飯吧！」知道推辭也沒用之後，我只得乖乖拿了東西到洗手間刷牙洗臉，然後回到值班室換穿較輕鬆的衣服，將襯衫和西裝褲都疊好掛好之後，在一張空床躺了下來。

一會兒，陳哥也進來換上休閒衣服，爬到上鋪躺好，還來不及說些什麼，兩人就已經沉沉地陷入夢鄉。我似乎做了一個很奇怪的夢，但一點也想不起來夢到了什麼。我只知道當我睜開眼時，阿偉正站在我的床邊看著我，一臉沉思的模樣說：「你是我所看過值班時睡覺姿勢最誇張的人，你要是這樣睡一個晚上還沒有落枕，我真的佩服你。」接著阿偉笑著轉身走出值班室。

陳哥緩緩地上鋪爬下來，邊換衣服邊說：「你睡覺的樣子真的挺可怕，我沒看過這麼誇張的。」我只得百思不解地慢慢爬起來，先是坐在床沿揉著眼睛鼻子，按摩一下臉部肌肉，順便趕走瞌睡蟲，接著才一鼓作氣的站了起來。

換好衣服刷牙洗臉之後看了看時間，現在已經六點半左右，該是打掃拜飯的時候了。公司外頭停的摩托車增加了三、四部，該是廖先生的親戚朋友來了吧！

當我正在打掃時，有名女性從斜坡上頭走了下來，原來是廖先生的女兒家玲小姐，這時我才在燈光與日光之下看清她的臉孔，不知道我是不是看傻了眼，我總覺得那白皙的臉孔慢慢透出紅暈，彷彿蘋果一般紅通通。

「請……請問……」

「啊！不好意思，請問是要辦什麼事情嗎？」我發現自己看著她的臉孔發呆了一陣子，才驚覺自己的失態。這時一道舒服的微風從上坡吹過我與她之間，家玲小姐的長髮隨著風被打亂了，這時我才注意到她已經換上純黑的素雅服裝，散發出一種清新脫俗的美感。

「我是廖開慧的孫女，請問爺爺……還在助念嗎？」她似乎也注意到我剛剛看她看得發傻，臉上更加泛紅。

「從晚上開始助念，一般來說是要念八個小時，妳要不要先進來，我帶妳到助念室去找妳的親戚，妳父親應該還在裡面為廖爺爺助念。」我將打掃用具一手抓起，走在前頭為家玲小姐領路。

「陳哥，這位是廖開慧老先生的家屬，要去助念室。」一進公司就看到陳哥正在擦桌子。陳哥指了指助念室的方向並接過我手上的打掃用具說：「你帶小姐去吧！我先去打掃暨靈區。」於是我帶著家玲小姐來到助念室前的走廊，先確認門上寫的名字和助念開始與預估結束時間，輕輕敲門後將拉門拉開。

爺爺的接體車停放在助念室正中央，四周圍繞著應該是爺爺的兄弟和子嗣們，念佛機不斷播放著佛經。裡頭除了廖先生和念佛的師姊之外，還多了兩男兩女，簡單介紹之後，得知兩位男性是廖先生的二弟和三弟，兩位女性則是廖爺爺的姊妹。

家玲小姐謝謝我爲她帶路之後也加入助念行列，坐在父親身側跟著念誦佛經。我關上門回到豎靈區準備幫忙，又將開始忙碌的一天。

當我和陳哥完成拜飯工作之後，外頭陸續有家屬來祭拜，或者諮商告別式的相關事項。陳哥、阿偉和宗賢都有各自的家屬和案子得處理，整間公司從治喪室到沙發區無時無刻都有家屬和他們的身影，而我也就機動性地爲他們拿資料，或在旁邊幫忙記錄。

今天早上，陳奶奶來祭拜陳爺爺的時候，表情看起來輕鬆了許多，也不再需要少婦的攙扶，自己撐著拐杖，拿著一袋盒裝壽司走了進來，站在陳爺爺牌位前念念有詞，不時還露出讓人感到溫馨的微笑。在討論時，陳奶奶也首度大量參與意見，同時也表達出她對孫子反常的不關心爺爺後事感到疑惑，希望可以讓孫子回到以前跟他們那麼親密的時光。

宗賢依著陳奶奶的話題繼續發揮，提議可以藉由告別式的主題和裝飾來提醒孫子，勾起他小時候跟爺爺奶奶四處玩耍的回憶和點點滴滴，也能藉此機會讓孫子表達他對爺爺的情感。

「陳奶奶，您看一下，這是我昨天稍微設計陳爺爺告別式會場，前面這排用爺爺跟你們出去玩的照片，我們把它放大做成貼牆裝飾，然後在收付處插上幾支風車來裝飾，也是爺爺和孫子的共同回憶這樣……」宗賢指著電腦上他設計的告別式會場，一步一步從外頭介紹到裡面，巨細靡遺地說給陳奶奶聽。解說過程中，陳奶奶不時面露微笑，或者相當感傷地訴說著和孫子出去玩的情景。

「我們在他小時候，常常帶著金孫去哪裡哪裡玩，他爸爸媽媽工作很忙，平時就是我們三個搭公車、坐火車，去動物園、遊樂園啊，還是淡水去玩。從小他就很喜歡風車，每次看到風車就吵著要買，等拿到風車就一直跑一直跑，看著風車轉啊轉啊，他就很開心啦！」說著說著，陳奶奶眼眶卻漸漸泛紅：「可是……幾年前啦……他爸爸跟他爺爺不知道爲了什麼事情吵架，一氣之下，他爸爸跑出去，意外被車撞死，我家老的也很自責，就這麼住院了……好像是爲了這件事，這個孫子對他爺爺就很不滿……」一旁的少婦趕緊掏出衛生紙遞給老奶奶，宗賢也伸出手輕輕拍著老奶奶的肩膀。

「呼呼……現在家裡的男人都已經走了，要是這個金孫可以順利念完大學、好好工作，就是我最大的心願啦……他要不要原諒他爺爺，我也不知道……」老奶奶穩定了情緒說出她的心願，雖然表面上只是要金孫念完大學能找個好工作，在社會上能有一席之地，但卻不難看出老奶奶還是很在意孫子和爺爺的關係。

「陳奶奶，我們會努力的，除了這個會場的設計之外，我們還計畫……」宗賢慢慢

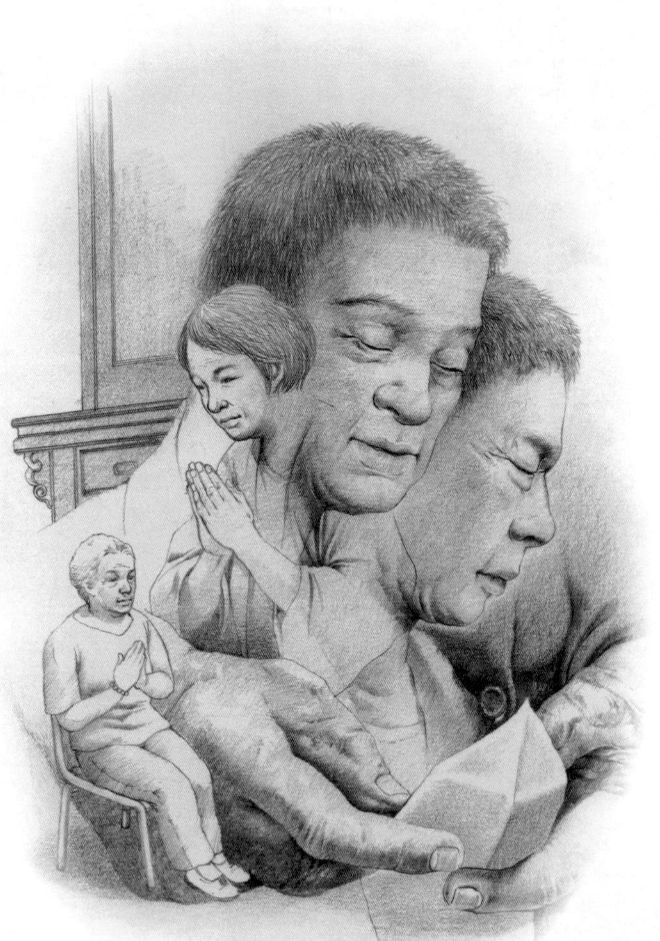

說出他對整個告別式流程的設計，還播放了一段預計在家奠之後才給所有來賓看的影片，伴隨著優雅感傷的音樂，陳爺爺對家庭的愛、對妻子的愛，還有對孫子的擔憂，全都融合在影片裡頭，陳奶奶看著看著不禁又流下淚來。

結束討論之後，宗賢送陳奶奶和少婦離開，回來時手上還多了一盒壽司：「這盒是陳奶奶請的，等會大家分了吃吧！對了，忠翰，陳爺爺的告別式差不多設計完成了，剩下的一些細節，我這幾天會跟陳奶奶還有她媳婦討論好，要裝飾現場時我會帶你去，可要好好幫忙喔！」說完之後，宗賢立刻被其他家屬找去，眞是相當受歡迎的人啊！

看了看時間此時也將近十點半，不知廖老先生的助念是否結束了，接下來要幫他們辦豎靈，還有一些簡單的諮詢，包括是否要幫他們承辦喪禮，要不要幫忙拜飯、訂購東西等等。

就在這個時候，家玲小姐和她父親廖大智先生在師姊的陪伴下，從助念室走了過來，三人一前兩後直接停在我面前。家玲小姐臉上的神情雖相當冷靜，但紅腫的眼眶和乾在臉上的淚漬卻清晰可見。

「廖爺爺的助念已經結束，那我先回去了。」師姊一鞠躬之後轉身離開，廖先生和女兒也鞠躬感謝她的幫忙。

「那助念完之後……請問我要找誰安排接下來的事情？」待師姊離開之後，廖先生才跟我說。

「廖先生，您稍等一下，我請一位禮儀師來幫您處理。」我轉頭尋找能夠幫忙的前輩們，只見宗賢被一群婆婆媽媽圍在沙發區，似乎在教她們如何摺紙蓮花；陳哥和一對夫妻站在展示區前，正爲他們介紹裡頭的產品，如骨灰罐、壽衣等東西，只有阿偉難得有空從廁所走了出來，正在洗臉的同時，聽到廖先生在找人幫忙而靠了過來。

「廖先生，您好，敝姓謝，叫我阿偉就可以了，請問您需要什麼服務嗎？」

「我們剛幫我爸助念過了……接下來該做什麼？」

「接下來要舉行豎靈儀式，然後冰存往生者的大體，之後要討論如何幫往生者辦後事。請問我可以叫廖爺爺嗎？」阿偉巧妙地介紹了一下接下來要辦的事，並稍加比較了公家單位和公司設施的不同。

「我大概知道你們公司的一些事情，昨晚吳經理已經跟我們說過了，我也同意委託你們公司承辦我爸的後事，先幫我安排接下來的事情吧！」廖先生打斷阿偉的介紹，直接切入重點。

「那我先電話通知引魂師父安排豎靈事宜，請你們先回助念室跟其他家屬說一下，等會有些東西需要家屬事先準備，我會請忠翰拿單子過去，可以在師父到來之前可以先準備。」阿偉跟我一起送廖先生和家玲小姐回到助念室，看起來家屬們都相當疲憊。

回到辦公室，阿偉馬上交代我去準備一些豎靈要用的東西，清單上寫著：神主牌、童男女、鋁盤、大小香、環香與香架、蓮花燭、銀紙、庫錢……阿偉自己則打電話請誦經引魂師父前來，準備幫廖爺爺招魂進入神主牌中。

「這張清單麻煩你拿給廖先生，請他們先準備這些東西。」阿偉交給我一張清單，上頭寫著家屬需要事先準備的東西，有臉盆、牙膏等盥洗用具、死亡證明書、往生者整套衣服與鞋襪、家屬們的生肖、往生者出生死亡年月日，還有往生者重要的照片底片等資料。

我拿著清單穿過公司中庭，宗賢和陳哥依然相當忙碌，不過治喪室已經空了出來，正好可以讓廖先生和其他家屬們在那裡休息，並討論廖爺爺的後事該如何安排和處理。

將清單交給廖先生並稍微說明這些東西的用途之後，他立刻要女兒打電話回家請媽媽準備，並要女兒開車回去拿。其他家屬們也打電話請家裡準備爺爺生前的一些用品，再請有空的人送過來，或自己開車回去拿。

差不多安排好，有些東西也已送到公司。由於師父打電話來說趕到公司時會超過十二點，現在差不多是十一點半了，因此阿偉與家屬們稍微討論了一下，決定等到吃過午餐師父來時，再幫廖爺爺安靈引魂。於是阿偉幫廖先生一行人叫了便當，並請他們在治喪室休息。

「等一下我們先做豎靈，做完之後再來就是冰存，你在旁邊盡量學習，有什麼不懂的就記起來，晚點再問我們。這是個很好的學習機會，你要把握喔！」阿偉吃便當時特別跟我強調，我點點頭，表示瞭解。

「冰存之前有許多需要注意的地方我先跟你說，等一下要比對大體的手環，並且確認往生者的身分，再將冰存檢視卡塡好，封上屍袋之前，要跟家屬再確認往生者身上是否有貴重物品……」阿偉一邊解釋一邊注意辦公室外的動靜，以免忽略了需要幫助的家屬，即使午餐時間，外頭還是有些家屬在祭拜親人，或者摺紙蓮花之類的。

「日後不管是進冰櫃、退冰或者驗屍、接運，都要再次確認冰存檢視卡及冰櫃號碼各種資料，而且一定要請家屬簽名才行，這是非常重要的手續，可以避免很多糾紛。」除此之外，阿偉還說了一些領出記錄、接運本和遺體出院明細表等東西，這些資訊都不斷地提醒著我這份工作所需的細心與耐心。

「那麼，我們走吧！」阿偉將吃完的便當整理好放進垃圾桶，穿著唐裝的師父才匆匆從外頭走進來，先是跟我們致意說不好意思這麼晚到，並從公司內一個櫃子裡拿出法袍穿上。我們趕緊領著師父一起走到治喪室，準備帶廖先生和親戚們一起來幫爺爺做豎靈儀式。我看起來雖然相當鎮定，但還是難掩心中一點點的緊張，一天之內從接體到豎靈、冰存全都遇到，我的實習生涯還眞是緊湊了點。

「廖先生、各位叔叔阿姨們，午安！便當吃起來還可以嗎？等一下我們會幫你們收，讓我們來就可以了，請往這邊移動，現在開始幫爺爺做豎靈儀式，儀式結束後，我們會將爺爺的大體冰存起來。」阿偉引導著大家往祝念室前進，接著停在走廊上，跟家屬們解釋等一下要做的事情，等到大家都點頭表示瞭解後，我跟阿偉才打開助念室的門，請大家進去圍繞著廖爺爺。

師父指示身爲長子的廖先生將牌位放置在父親頭部之上，家玲小姐則將引魂幡斜靠在身體側面的牆上，其他親戚則在一旁圍繞著。待大家都站好位置之後，師父取出法磬並開始念起了經文。

「蓮池海會。彌陀如來。觀音勢至坐蓮台。接引上金階。大誓弘開。普願離塵埃。南無蓮池海會菩薩摩訶薩……」走廊上回響起師父念誦經文的聲音，我跟阿偉則站在靠洗手間的那一端等待著。「如是我聞。一時佛在舍衛國。祇樹給孤獨園。與大比丘僧。千二百五十人俱。皆是大阿羅漢……」廖先生在聽經文的同時一直盯著父親的腳，等到師父誦完經後，再請家屬們擲筊詢問廖爺爺的魂魄是否歸到牌位上了。

廖先生取出先前準備好的兩枚十元硬幣，雙手合十，拜了三拜，然後輕輕拋出，兩枚硬幣在空中畫出不斷旋轉的拋物線，接著在地上拍打出叮叮噹噹的聲音之後停了下來，是個聖筊。

「廖開慧先生的魂魄已經進入神主牌上了，那麼我們請長子廖大智先生捧著父親牌位、長孫女廖家玲小姐持引魂幡，大家請往這邊走。行走時請提醒往生者現在要去哪裡、是要進門或者上車等事情。」於是由師父帶頭、廖大智先生居次，家玲小姐和其他家屬則魚貫跟在後頭，一行人往豎靈區走去。一路上師父也低聲念著一些經文，敲著法磬，叮噹聲從走廊一直延伸到辦公室，其他家屬看到了，紛紛報以感同身受的眼神，陳哥、宗賢也停下手邊工作，低聲爲往生者念一兩句佛號。

「爸，要進門了喔！」進入豎靈區前，廖先生低聲對著神主牌位說。法師率先對著豎靈區內的地藏王菩薩雙手合十行禮，並引導其他人向地藏王菩薩行禮，請他保佑廖爺在這裡的生活。接著選好一個位子將廖爺爺的神主牌位放了上去，一旁圍繞著童男童女，葫蘆燭、蓮花燈等也各就各位，點燃了環香，並讓家屬們把廖爺爺生前的盥洗用具和一些私人物品擺好，師父再請廖先生領頭一起祭拜廖爺爺。

我們點燃數量剛好的香分給每個人，然後在一旁等待著，待廖先生和女兒、親戚對著還沒放上照片的燈箱行禮祭拜後，再收齊大家的香統一插在香爐上，並把環香點燃，接著引導他們一起到冰存室，準備爲爺爺的大體進行冰存。

再次穿過長廊，我跟阿偉先對著冰存室大門合十行禮，然後緩緩拉開大門，將冰存室展現在大家面前。阿偉跟大家解釋冰存室的設備：「這是我們公司的冰存室，除了恆溫控制之外，還有不斷電裝置，公司也有人二十四小時看守，有任何問題都可以馬上處理。」

接著我們將接體車推了進去，並請廖先生代表家屬進來確認爺爺身上的物品、手圈，然後填好冰櫃使用登記表和冰存檢視卡，再將爺爺的大體用大體保護袋封好準備送入冰存。

一拉開冰櫃，一股寒氣立刻湧了出來，看著這具冰冷的格子我不禁悲從中來，想不到人死後幾乎都得在裡面躺上一段時間，突然覺得有些難過。阿偉看我似乎恍神了一陣子，輕拍我的肩膀，說了聲：「來吧！我們幫爺爺換床。」

我們分別走到爺爺身體的頭尾，廖先生依然主動來幫忙搬運爺爺的大體。我們將廖爺爺連同屍袋一起放進冰櫃中，然後領著廖先生一同離開冰存室，現在應該是要討論廖爺爺後事處理的問題了。

「廖先生，我覺得各位要不要先回家休息一下？大家爲爺爺助念一個晚上，又等待豎靈，到現在已經快十二個小時了，大家還是要照顧自己的身體，日後才能爲爺爺多做些事情啊！」阿偉在治喪室前停了下來，很明顯的，廖先生一行人看起來都相當疲憊，聽到阿偉的建議似乎陷入沉思，並低聲地討論一會兒。

「那……我們什麼時候來討論我爸的後事？」

「我想就以廖先生你們家屬方便的時間爲主，先請大家回去稍微討論一下，方便的話就在明天早上或是下午，不然就後天，最重要的是要在頭七之前先把一些事情討論好，再來安排後續事宜。」阿偉接著說：「另外提醒一下守喪期間的一些禮節和習俗好了：請大家穿著黑色或白色的素衣，不宜刮鬍子、剪頭髮、修指甲，女生就麻煩不要上妝、搽口紅，飲食上也請大家盡量簡單，一切從簡……」

廖先生點點頭，又詢問了有關早晚拜飯的問題，結束之後再三道謝，才跟著女兒親戚各自回家休息，約定好再打電話過來敲定治喪時間。送走廖先生一家人，已經是下午兩點多，整間公司只剩下工作人員，陸續回到辦公室整理東西、打資料或者吃東西。宗賢居然忙到剛剛才結束，終於有空抱著已經冷掉的便當慢慢吃著。

「阿偉學長……接體之後大概都像那樣處理嗎？」

「一般來說都這樣處理沒錯，不過，如果遇上法定傳染病會有別的處理方式，像是霍亂、愛滋病、鼠疫或者SARS等，這些就要在二十四小時內火化；我們去接體時，也會特別嚴謹的處理，像是請家屬戴上口罩、幫往生者戴上口罩之類的防護措施等。」

「而且助念完之後須立刻火化或者入殮打桶，這是法律上規定的。」宗賢也加入解釋，然後接著說：「幾年前SARS剛爆發的時候，我們公司就因爲當時沒有人眞的明白

SARS是什麼，有位老同事因此被感染而往生，後來公司也就特別加強這個部分，製作標準作業流程給大家，還上了些有關課程。」

「你們說的是高雄長庚的那位老爹吧！老爹是個很好的人，想不到會因爲這件事而過世……」陳哥相當感傷地說。看來陳哥很久以前就認識那位過世的前輩。

「其實，當初我調派去南部時就是老爹帶我的，還眞感謝他那時候的照顧。老爹是專業的接體人員，平常一個人住在醫院的一間倉庫裡，好像家人都不在台灣吧！所以一個人深居簡出，平常也沒什麼娛樂。」陳哥開始回憶起跟那位老爹的過去，面孔上的皺紋加深了許多。「SARS剛爆發時，老爹因爲接體而被感染然後隔離，那時候沒有人知道SARS是什麼玩意兒，所以也沒做什麼防備措施，在那裡服務的公司同仁幾乎有一半都被隔離，沒辦法上班。」

「是啊！還得從台北臨時調派十幾個人下去幫忙，不然還眞的是什麼都完蛋了呢！」宗賢也搭腔接話。「還好後來疫情沒有繼續擴大，大家也都對這類傳染病提高警覺，慢慢的也就控制下來了。」陳哥拍了拍胸口，往後一躺靠在椅子上，似乎在回憶著什麼事情。

「阿偉，要不要跟他說說你在基隆的那次接體？」宗賢說。

「告訴他那個好嗎？會不會把他嚇跑啊？」阿偉似乎不太願意說的樣子，究竟是碰上了什麼樣的事情讓他這麼不想說？

「我想不用擔心啦！忠翰看起來就是很適合當禮儀師，才來兩天就能這麼融入，我相信他不會被嚇跑的啦！」宗賢這麼看好我，還眞讓我有點嚇一跳。

「好吧！那我就說嘍……記得是兩、三年前吧！那時我在基隆的據點服務。有天晚上，外頭正颳著颱風，我們四個值夜班的人不是正在睡覺，就是看書打發時間，這時候啊……」阿偉故意壓低音量，營造出一股詭異氣氛：「上頭護理站打電話過來說，有位老奶奶剛斷氣，要我們上去接體。」

「接體的事都是由護理站聯絡嗎？」我問。

「嗯！一般來說，在醫院往生都由護理站聯絡，在家往生就打公司電話，公司會安排最靠近的單位去幫忙。」阿偉喝了口飲料，繼續說：「我們三個人一起去接體，搭電梯到大概十幾樓吧！算是相當高級的單人病房區，一上去，跟護理站知會過後，就推著接體車往病房走去。」

「沒想到我們一到，就看到一名全身黑衣的彪形大漢站在門口，看起來滿臉橫肉，有點像道上兄弟，那時我的心裡就開始緊張了，該不會是黑道大哥的媽媽或阿姨之類的人過世吧？」阿偉吞了口口水：「不過工作就是工作，我們還是要上前問一下是不是家屬，好確認我們可以接體才行。」

「當我們走過去詢問他時，那名壯漢就說裡頭是他媽媽，要我們趕快幫忙把媽媽的大體接下去，也不管我們在跟他詢問有沒有什麼信仰，或者要注意的事情，就只是催促我們趕快把他媽媽的大體接下去而已。」

「大概是比較急的人吧？」

「才沒你想的那麼簡單呢！我們進去才剛幫他把媽媽的大體搬上接體車，蓋好被子，突然就有個人闖進來大喊：『媽的身體你敢動你就試試看！』原先那個彪形大漢也不甘示弱地回嗆說：『我是大哥，這件事情本來就是我在管……』之類的話，兩個人就爲了媽媽的大體要送哪開始吵了起來，這時我們只能退到旁邊，等他們眞的決定了才能工作。」

「所以他們吵了很久嘍？」當我問問題的時候，陳哥在一旁邊聽邊點頭，似乎已經很累快睡著了。

「何止很久，兩個壯漢吵沒兩三分鐘，又跑進來一個人也跟著吵，三個人互相推來推去，母親剛斷氣沒多久就在病房裡打了起來，這時護理站也來了兩個護士，也跟我們站在旁邊插不上手，只能一直等一直等。等了很久，他們也還沒結束。那時候我比較傻，我往前一步，問一個黑衣大哥說：『大哥，不好意思，請問媽媽的大體可以推下去了嗎？這樣放在這邊對大體的保存比較不好……』想說早點把事情做完可以早點休息，結果居然……」

「居然怎麼樣？」

「其中一個人就拔出槍來指著我：『你敢動你就試試看！』原本我問的那個大哥也拔槍指著他，要他閉嘴不要管，然後他們三個全都拔出槍來互相指著，誰也不讓誰，那時我就想，啊！完了，出來接個體現在被槍指著，看來我今天是死定了……就開始胡思亂想。」

「哇塞！太誇張了吧……那後來怎麼解決的？」想不到接體會遇到這種事情，要是我在現場，一定不知道該怎麼辦吧！

「後來，護理站護士就打電話給附近的警察局，請他們派人過來處理。聽說有位高級長官出面喬事情，才把這件事搓湯圓搓掉了。後來我才知道，那三個人都是警察，而且還是醫院旁邊那間警察局的員警，起因是媽媽過世時留了一千多萬元的遺產，因此他們三個才會爭成這個樣子……」

「眞是的……三個警察爲了遺產連槍都拔出來了……」

「是啊！那時他們上級不知道來了局長還是分局長，他們才肯把槍收起來，讓我們趕快把媽媽的大體推下去做助念，助念時他們三個還差點又打了起來呢。」

「其實……那種事還滿常見的，不是爲了爭遺產、爭喪禮的主導權，就是爲了出一口氣。也有家屬會在治喪時就在我們面前吵起來，互相指責對方沒有照顧好爸爸或媽媽，甚至直接打起來呢！」宗賢也點頭表示同意，看來他們常常碰到這些事情。

「要是往生者地下有知，一定會很傷心吧……爲了留下來的那些錢或者一些事情吵成那樣……」阿偉感傷地說了這句話，眼神飄往前方桌上的某處，似乎在沉思著什麼，靜靜地將左手蓋在桌上。

一旁打著瞌睡的陳哥發出了打呼聲，混在空調的噪音中消失了。也許那些事情不是我們可以插手或者幫忙處理的，但我們身爲居中的人員，那股要做到圓滿的心情就像是一種使命感，催促著我們爲了幫助哀傷的家屬而更加努力吧！

6 坦白

接下來幾天，我常跟著宗賢與陳奶奶討論，幾乎將陳爺爺告別式的所有事情都敲定得差不多了，同時也將所有資料收齊，拿給追思光碟片的製作人員，請他們爲陳爺爺的告別式做出最好的回憶影片，宗賢光是爲了跟製作人員討論光碟內容，就花了三天時間。

廖先生和女兒家玲小姐也常來找阿偉討論廖爺爺喪禮的事情，似乎爲了家鄉有些親戚有不同想法，或想要找別家葬儀社承辦而苦惱著，雖然廖先生是廖爺爺的長子，但卻被其他親戚長輩施以壓力，或背負一些人情包袱而不太能作主，讓他看起來格外疲憊。

一天下午，我跟阿偉，還有廖先生、家玲小姐四人正在治喪室討論廖爺爺告別式的日子，眼看頭七就快要到了，廖先生像被多頭馬車拉著，因此蠟燭兩頭燒，除了滿臉鬍渣之外，整個人看起來更憔悴了。

「再過兩天就是廖爺爺的頭七了，親戚們還不能接受在我們這裡辦嗎？」阿偉試探性地問，最近常聽到廖先生或者家玲小姐有意無意地抱怨起親戚們的頑固，和一些私下的詆毀和責難。

「爸，可不可以先不要管大伯公他們怎麼說，現在比較重要的是把爺爺的事情辦好才對吧？」家玲小姐將手搭在父親的肩膀上輕輕揉著，想幫父親分擔一些壓力。今天家玲小姐穿著純黑套裝，襯托著白色皮膚和紮在腦後的馬尾，略施淡妝的臉孔看來格外清新。

「爸也想這麼做就好了啊！要是還要把妳爺爺的大體轉送到老家那邊去，事情就變得很複雜了。我都不知道該怎麼辦才能說服他們。」

「那阿嬤呢？阿嬤怎麼說？」

「阿嬤現在跟妳二叔和三叔住在一起，當然都聽他們的啊！妳爸我都快被他們說得沒臉回去了，爺爺的喪禮再不好好辦理，我看過年的時候，妳爸要拿什麼臉回老家團圓？」廖先生非常苦惱地用手撐著下巴，接著又說：「而且妳姑媽她們也都各有意見，我實在很難作主，想不到身為長子，卻一點決定權都沒有……」

「廖先生……」阿偉伸出他的手拍拍廖先生的肩膀，然後接著說：「其實我有個提議，不知道能不能幫得上忙，您願意聽我們說說看嗎？」廖先生聽到阿偉的話抬起頭來，像是抓到浮木的溺水者一樣看著他。

「你快說，你快說說看。」

「是這樣的，其實我們也有遇過類似您家裡的這種狀況，畢竟每個人都有不同的想法跟做事方法，家鄉的親戚也有他們的打算，您夾在中間必須面對衆人的壓力，當然希望能讓親戚們都滿意，又能把爸爸的喪禮辦好，您的心情我很能夠瞭解……」阿偉先安撫廖先生的情緒，接著又繼續說：「我的提議是，我們先把廖爺爺的頭七辦好，並規劃完整的後續流程和告別式當天的布置什麼的，然後再把大家請過來。公司這邊呢，可以準備一間簡報室，我會按照先前討論過的項目做成PPT檔案，播放當天會我一邊解說一邊詢問大家的意見，您覺得如何？」

「是啊！廖先生，不管怎麼樣，我們還是要把事情先做起來，讓親戚們看看您有辦好喪禮的決心，大家都希望能夠辦得圓滿，不是嗎？」我也在一旁附和。阿偉聽到我這麼說轉頭看向我，眼神中帶著讚賞意味。

廖先生似乎感受到一股希望從心底慢慢浮了出來，臉上漸漸有了一些神采，看來也精神了許多。

「可以這樣做嗎？」廖先生似乎不太相信，禮儀師居然爲了他的事願意這麼大費周章，還要特別安排簡報室向他的親戚說明，不禁讓廖先生有些感動，眼角也泛起了一絲淚光。

「當然可以，這是我們應該做的。」阿偉才回答到一半，廖先生突然抓住他的手緊握：「眞是……太感謝你們了，謝謝，謝謝！」一旁的家玲小姐也頻頻點頭致意。

「那麼，我們再來討論一下關於爺爺告別式的一些細節……」等到廖先生恢復情緒，阿偉才繼續話題，一面跟廖先生解釋整個服務流程，一面翻動桌上的圖片和檔案夾，讓廖先生和家玲小姐能更加明白服務的內容。

當阿偉翻到有關禮體淨身SPA的頁面時，廖先生突然開口問：「這個我好像在哪看過，請問這個服務是？」廖先生手指著一張圖片，上頭有一名躺在一張類似床上的往生者，身旁跪坐著三位穿著制服的女性。

「您是不是看過《送行者》這部電影呢？劇中男主角做的事情跟我們的禮體淨身SPA相當接近，它是從日本引進的，連器材也是從日本直接進口，再經過我們的改良與研發，才發展成今天這樣一套完整的流程。」阿偉翻過下一頁，根據圖片一一介紹禮體淨身SPA的由來與服務內容。它分爲三個等級，服務會隨著等級的提升而有不同的內容，頂級的服務還使用了特殊精油爲往生者做全身按摩。

「我們推行這套服務將近三年了，使用過的家屬反映都相當良好。其實這套服務的精神，就是讓往生者能有尊嚴的離開，畢竟這樣的服務是一般公立殯儀館沒有辦法做到的。」阿偉又翻過幾張圖片，讓廖先生跟他女兒看看一般公立殯儀館的洗穿化過程。

「以我個人來說，如果往生後我能接受禮體淨身SPA，我會很開心。」阿偉對於這件事下了一個結論，語氣悠長的說。

「也許這是說服親戚們讓他們相信我決定的一個好辦法，謝先生，請你幫我爸安排禮體淨身SPA，並且把這件事情寫到PPT檔案裡面給我親戚看，頭七之後就請他們來吧！」廖先生再次握住阿偉的手，下定決心，要藉由這次機會說服親戚們，也希望藉著這最後一次機會幫父親多做點事。

結束了討論，阿偉與廖先生相約頭七的前一天再討論一次，並且讓廖先生先看阿偉設計的PPT簡報，頭七那天法事結束後，就可以播放給所有親戚們看了。

送走廖先生跟家玲小姐後，我和阿偉再次回到公司，由於今天晚上我要參加研究所同學的婚禮，因此提早在六點下班。跟宗賢、陳哥還有阿偉他們告別之後，我趕緊回家梳洗換裝，準備出門。

小張是我從大學到研究所的同學，畢業之後各自當兵或投入職場工作，已經退伍的他應聘到一家大公司任職，很快地也有不錯的職位和升遷機會，這次更是娶了愛情長跑多年的女友，可說是雙喜臨門。

搭乘公車在善導寺下車，富麗堂皇的飯店大門立刻映入眼簾，高聳的建築物在四周燈光的照耀下，顯現出氣派的風采，門口負責接待的門衛和泊車服務生穿著都相當體面，舉止優雅地為來往的賓客服務。踏入飯店大廳之後，只見典雅的裝潢和插花裝飾在水晶燈的光芒下散發著溫暖氣氛，如果自己不是穿著西裝革履，還真有點格格不入。稍微掃視了一下，很快就發現一面立牌上寫著今晚的喜宴設在地下一樓宴會廳，看著同學與他妻子甜蜜的婚紗照，不禁讓我羨慕起他的好福氣。

當兵時被女友兵變的事情，似乎還牽絆著自己無法走出來。如今不只是志偉學長交了新女友，連研究所同學、幾位大學同學都已論及婚嫁，而自己依然孤家寡人，的確有點寂寞。

「阿翰，是阿翰嗎？」熟悉的聲音從後面傳了過來，一轉頭，原來是幾名大學同學。看他們都穿著體面的西裝，手挽著女友，看來大家在社會上過得還不錯，幾個同學似乎都胖了。

「志剛、阿熊、大肚……還有阿任，你們都來了啊？哇塞！你們最近都過得不錯喔！」大家一見面就是互虧、勾肩搭背，拍來拍去，彷彿又回到大學時代，一股熟悉的感覺油然而生。

「阿翰，你也過得不錯啊！穿起西裝，整個人看起來人模人樣的，哪像大學時那副宅樣，哈哈哈！」大家互相吐槽著走下手扶梯，他們似乎都過著充實而忙碌的生活，自己找到工作也是最近的事，總算不落人後。

「吔，阿富他們還沒來喔？」突然想到前常一起打籃球的阿富，在球隊裡他可是最佳後衛，只要讓他控球，總能神乎其技地創造空檔。

「阿富說他晚點到，好像家裡有事吧！」

「管他的！從以前就是這樣，一定是跟哪個女生出去約會了，連今天小張的婚禮都忘記，哈哈哈哈！」志剛立刻吐槽，大家笑成了一團走到了收禮金的櫃檯。櫃檯上鋪著長長的紅色桌巾，兩旁分別架著小張和老婆的婚紗照，整個收禮區洋溢著溫馨與幸福的氣氛。

「感謝大家。哇塞！你們都來了，我超感動的。」小張穿著新郎裝跑了出來，白白的臉上已經透著紅光，看來婚禮還沒開始，就已經有人灌他三大杯了。

「這是一定要的好不好，小張是我們這堆裡面最早結婚的，不捧場一下怎麼可以，你看我們這群，溫馨的哩！」志剛大聲地說，臉上堆滿了笑容。

「對，對，以後小張包給我們的才會更大包啊！這種投資報酬率才是可以接受的，哈哈哈！」阿熊也按照慣例補上冷笑話，大夥習慣性地不理他，紛紛在簽名簿上簽名，並將紅包交給收禮的小姐。

「你最近在做什麼工作，退伍這麼久也該找到工作了吧？」小張一邊爲我們帶位一邊回頭關心著，同學中只有我最晚退伍，說起來他們還是我的學長，如果按照軍中不成文的規定，我光是敬禮就要退到宜蘭去了。

會場空間實在是相當寬廣，裝潢華麗的室內少說也有七八百坪，席開百桌的婚宴會場鋪著柔軟的地毯吸收雜音，讓整個空間充斥著優雅的音樂和賓客的歡笑聲，雖然離結婚典禮還有一個小時，但現場已坐滿超過半數的來賓，有些喜桌早已坐滿，甚至已經有人開始喝酒，喝得不亦樂乎。

「有啊！我最近都在實習，大概一星期了吧！」我看到小張的父母穿著禮服四處招呼客人，似乎還看到幾位政商名流出入其中。

「最近才開始做喔！那你也找了快兩三個月吧？」阿熊問。

「少虧他了，誰像你一樣，退伍就到老爸的公司上班，人家可是很有骨氣的呢！」阿任也反虧阿熊。

「喔！至少有個開始很不錯啊！在哪裡工作？哪間公司？」說著說著，已經到來小張為我們安排的大圓桌，中央轉盤上已安置著插花擺飾和幾碟小菜，同學們依序入座，看來光是坐我們幾個加上同學的女朋友，就已經快要坐滿了。

「是一間生命禮儀服務公司，做的是助理工作。」比起同學們的經理、課長，或者其他職位來說，我的職稱似乎來低上許多，但我還是覺得我做的工作並未輸給他們。

只見現場一片沉默，大家對我一個碩士畢業生居然從事非本行的工作似乎無法理解，幾名女性更是露出嫌惡的表情。只有阿熊仍像往常一樣嘻嘻哈哈，完全不在意我說了些什麼。

「吔……你念研究所那麼辛苦，做那個不會很浪費嗎？」阿任率先開口。

「我覺得這跟我念不念研究所沒有關係，而且這個工作也是許多高學歷的人在做啊！公司的面試條件至少都要大學以上。」

「可是它不是我們的本行啊！以你的學歷，至少可以找個外商公司，或者財務控管公司之類的吧？」大肚也接著說。

「是這麼說沒錯，但我覺得我有比賺錢更重要的事情……」我的腦中又浮現出那天的情景，李媽媽對那名禮儀師感謝的神情再次出現。我知道，這就是我想要投入這行的原因。

「其實阿翰的選擇也沒錯啦！生命禮儀這幾年也是很熱門的行業啊！我也聽說過裡頭不少年薪百萬的禮儀師。」志剛出面緩頰，也許是不想破壞今天婚禮的美好氣氛，再加上同學難得見面，還是開心點好。

「那工作內容是什麼啊？像電影《送行者》描述的那樣嗎？」一名同學問。

「《送行者》裡面的禮儀師做的是納棺，我們則是做規劃、治喪和禮儀服務，而且我才剛進去而已，應該不會做到那件事吧！」

「那……你有沒有碰過……那個啊？」一名女生似乎很有興趣，也許是因爲這個話題大家聊開了，整桌人都圍繞著生命禮儀問題一直發問，我也盡我所能地回答問題，心裡只能暗自祈禱不要影響小張的婚禮才好。

「你有沒有碰過靈異事件？」「要碰觸大體好可怕喔！你怎麼敢啊？」「這個工作會不會很累啊？你們還要値夜班耶！」「薪水怎麼樣？」這幾個問題幾乎就占掉了等待典禮的所有時間，而小張不知什麼時候已悄悄離席去招呼別的客人，直到婚禮開始才再次出現。

整場婚禮洋溢著甜蜜而溫馨的氣氛，小張和新娘來回換了三套禮服四處敬酒，到了我們這一桌不免被灌上三大杯烈酒，每個人都笑著鬧著，彷彿放下了所有現實生活中的繁忙與辛勞，盡情地沉醉在喜悅的氛圍中。婚禮結束，大家也已酒足飯飽，大學同學幾乎來了三分之二，其他不是住得太遠，就是在國外求學不克前來；小張也早已被灌醉，到廁所連吐了兩回，還是我們這些老同學把他救了出來，看來今晚的鬧洞房也免了。

喜宴結束後，小張與老婆、父母、岳父母同在收禮區送大家離開，醉得不省人事的小張被安置在一張椅子上勉強跟大家揮手，新娘則換上送客禮服捧著禮糖請大家吃。魚貫地離開婚禮會場後，有人提議續攤，再去喝兩杯敘敘舊，也有人提議應該辦個同學會，而我想到明天一早還要到公司上班，因此早早就跟大家告別。

坐上計程車，我不禁思考自己的決定究竟是不是對的，做這個工作的確不太符合自己的本科學業，進入外商公司或接受父親的安排似乎真的比較好。但一想到陳奶奶因爲宗賢的幫助而有了精神、廖先生因爲阿偉的提議而再次燃起了動力，還有陳哥的過去和他加入公司的原因，這些都成了我認同自己這份職業的基石，支撐著我工作的信念。

我希望看到那樣的表情不是嗎？我希望能夠陪著家屬度過這段時光，沒有遺憾地陪著他們的親人走過最後一程。對，這是我所希望做到的，也是勉勵自己、期待自己能在日後爲更多的人服務，不是嗎？

計程車切下市民大道高架，轉入光復南北路，轉眼已經快到家了。時間是晚上十點多，台北市的夜晚才剛開始，馬路上來回著擁擠的車潮，五光十色的夜生活有多少人樂在其中，又有多少人迷失在裡頭？

有點想太多了，還是早點休息，準備明天的工作比較實在。實習至今也快兩個星期了，實習結束之後不知會分發到哪個單位，內心暗自期待能夠分發回大山單位，日後要配合輪調我是無所謂，但是目前，我想要參與陳爺爺和廖爺爺的後事，畢竟，他們是我進入這行時剛接觸到的幾個案例。

這就是一種有始有終的心情吧？遇到了，還是希望能好好做完，就像宗賢他們常常掛在嘴邊的，圓滿。

「先生，到了，一百五十塊。」計程車司機在豆漿店前停車，轉頭開燈收錢。我從皮包裡拿了兩張一百元交給他，找了錢後下車。也許是因為喝了酒又有點暈車，腳步有點不穩，手扶著一旁的柱子休息了一會。本想等頭腦清醒了再走路回家，想不到這時電話響了。

「呃？」我似乎打了個酒嗝，這時聽到電話那頭傳來哭訴和咆哮混雜的聲音。

「你這個不肖子，居然給我去做那樣的工作，爸媽努力賺錢供你吃供你穿，讓你念到研究所，好不容易畢業了，居然跑去做收屍的，你這樣要爸媽如何面對親戚和列祖列宗……」母親的聲音從另一端傳來，期間還夾雜著斷斷續續的啜泣聲和鼻子的抽噎聲。

「媽……妳冷靜點。」

「你要我怎麼冷靜啊？現在你爸到國外出差，已經一個月了還沒回來，你媽我一個人在家幫你姊帶小孩，你姊夫一天到晚也是忙得要死。我聽到人家打電話來跟我說你在那個什麼生命禮儀公司上班，講那麼好聽，還不就是幫人家收屍做喪禮的，那個行業那麼髒，明天立刻給我離職，不，你現在馬上打電話說要辭職……」母親的聲音越來越高亢，我想旁邊的玻璃鏡大概都已經碎成一片了。

「媽，我是不會辭職的，這個行業並沒有妳想像的那麼低等，也不會骯髒，在裡頭服務的人都相當有教養，也有大學學歷，這個工作是非常值得尊敬的好嗎？」聽到母親這般歇斯底里的怒罵，胃中一股火氣衝了上來，也許是我口氣比較差，電話那頭突然安靜了下來。

「……」啜泣聲慢慢停止，母親似乎做了什麼決定，之後才說：「我不管，我不能接受我的兒子在那種行業上班，如果你不辭職，話我就跟你切斷母子關係，等你爸回來，我就會跟他說，到時候你就知道了。」

「媽！」我驚訝地回喊著母親，但對方已掛上了電話，話筒裡只傳來嘟嘟聲。我嚇得連酒都醒了，趕緊回撥家中電話，但不管鈴聲響了多久，母親就是不接，最後甚至傳來「您撥的電話通話中，請稍後再撥」的語音。

雖然早已預料到家裡人會反對，但沒想到母親會這麼激烈。也許是剛剛與母親稍有爭吵，豆漿店的店員和顧客紛紛對我投以異樣的眼光，但也很快的撇開視線不願多管。我踏入豆漿店想點一份蛋餅和冰豆漿當消夜，平復一下心情，順便想想未來該怎麼辦。

「吃點什麼啊？帥哥。」

「一份蛋餅、一杯冰豆漿，內用，謝謝。」我的聲音相當……平靜？

「四十五塊。」阿姨收錢之後將餐盤端給我。四處看了一下，店裡的位置差不多已坐滿，我選了靠馬路的位置坐下來，一個人待在外面吹吹風也不錯。一邊吃蛋餅配豆漿，一邊看著夜晚的民生社區依然熱鬧，對面介壽國中籃球場上仍有許多人在運動、打球。

難道就要這樣放棄工作嗎？那麼我自己的堅持、我自己的信念又算什麼呢？如果不能爲自己的理想和夢想而努力，這樣的人生究竟有什麼意思？

「菜鳥，吃消夜啊？」熟悉的聲音從背後傳來，只見陳哥手上提著兩袋消夜站在我身後，一袋像是麵和湯的組合，另一袋則散發出一股香氣，很像是燒烤類的食物。

「是啊！陳哥，你也出來買消夜嗎？」看到陳哥關心的表情，心情不禁放鬆了些。

「今天晚上我跟宗賢值夜，想說來買個消夜輕鬆一下。你看，這家店不錯喔！它的雞屁股和雞排很好吃。」說著陳哥便坐了下來，並向店家叫了一杯冰豆漿，看起來像是老顧客了。

「老陳，你的豆漿。」阿姨拿了杯豆漿出來，站著跟陳哥聊起天來。

「這小子是你們家的新人？」阿姨口中的小子應該是指我吧！

「是啊！剛來實習，表現還不錯。」陳哥拍拍我的肩膀，隨手吃了一口雞屁股。

「唷，不錯啊！這個工作很辛苦，能撐下來的都很不錯。」阿姨也拍拍我的肩膀，一股溫暖氣息傳了過來。

「但剛剛家裡傳來了反對的聲音，還滿大的……」我嘆了一口氣。陳哥看了看我，喝了一口豆漿說：「剛聽到你講電話還滿大聲的，家裡怎麼了嗎？」

「就是……我母親揚言說要跟我斷絕親子關係，除非……我辭職。」我簡單的述說一下剛剛母親跟我的電話內容，眼前的蛋餅漸漸冷掉了。

「唉！碰到這種事情難免的，如果一開始沒有跟家裡討論過，很多人都會因為這件事而離職。」陳哥看看我，又喝了一口冰豆漿：「當初應徵的時候，沒有先問過家裡的意見嗎？」

「沒問，因為我知道他們一定會反對……其實我家裡一直希望我能在念完書之後，先到我爸朋友的公司上班，然後回家裡的公司幫忙。」

「家裡是做什麼的呀？」陳哥問。

「我們家在台中是開鞋底工廠的，從爺爺那一代開始傳下來，現在是我爸跟他的兩個兄弟在管……」

「聽起來回家裡工作似乎也不錯，家族事業應該算滿穩健的吧？」陳哥似乎從我的眼神中感覺不到對家族事業的信賴，話鋒一轉又說：「不過我想，年輕人都不喜歡被綁住，出來闖一闖也不錯啦！」

「……」沉默了一會兒，我將冷掉的蛋餅吃一吃，喝光剩下的豆漿。而陳哥就這麼看著我吃喝，一句話也沒說。

「陳哥，你有看過家裡人原本反對後來支持的例子嗎？」

「其實還滿多的吧！有聽過家裡比較傳統，兒子回家要用淨符燒成灰攙水洗澡，然後衣服分開洗；也有聽過女生在外求職，原本家人全面反對，超過一個月沒跟她說半句話，但後來看到她拿回家的薪水也就慢慢接受了，畢竟這是一份不偷不搶的正當工作，只要憑著良心去做，也是能養家活口的。」陳哥邊說邊看著左上方，似乎在回憶著什麼：「我記得反對的藉口是：能跟活人一起工作，為什麼要跟死人在一起？」陳哥默默地微笑，臉上散發著溫暖的光輝。

「也有那種家裡或親戚在做禮儀工作，耳濡目染之下，從小就學會念經，這種家裡就完全不會反對，反而大力支持。我記得安健那邊有個很年輕的同事，如果從小到大算起來，接觸這行應該有十三年了吧！」

「那真的也是做滿久的了，果然……這行還是要家裡支持才會做得久嗎？」聽到有人從小到大已經做了十幾年，真的還滿新奇的。

「那……宗賢和阿偉他們，也被家裡人反對過嗎？」

「他們家裡都還好吔！宗賢家裡我記得還算滿開通的，沒什麼反對；阿偉住金山鄉下，從小跟墳場相處已經很習慣了，他的家人也只是跟他說要憑著良心，好好幫往生者跟家屬們服務而已。」

「要達到圓滿嗎？」

「是啊！圓滿可以說是我們這行的最高指導原則，不管做什麼事情都要努力做到圓滿。」陳哥將冰豆漿喝完，隨手將杯子扔到回收桶裡。塑膠杯在走道上空畫出拋物線，精準地飛入拿來當作回收桶的大湯鍋裡，發出幾聲碰撞聲。

「如果真的不行，跟宗賢說一聲，他不會勉強你的，畢竟跟家裡的關係還是要維持良好才是。家人……是一輩子的。」陳哥的眼角似乎有些濕潤，但他揉揉眼睛，起身拿起消夜準備離開，臨走前還拍拍我的肩膀，看了我的臉一陣子，才轉身緩緩離去。

「如果……就可惜嘍……可惜啊……」我似乎聽見輕輕的嘆息聲，從陳哥漸漸遠去的背影處飄散，融在夜色與微風中。

過兩天，很快就是廖爺爺的頭七。晚上我和阿偉結束拜飯後，就開始忙進忙出，準備頭七法會需要的東西，先將助念室和冰存室後的那個禮堂搭置成法會該有的樣貌，再將供桌整理好，擺上祭品。八點時，廖先生帶著妻子和女兒前來幫忙，除了幫他們準備的祭品之外，他們也帶了些額外的東西過來，讓整個祭拜供品更加豐富。

「廖先生、家玲小姐晚安，這位是廖太太嗎？您好。」廖太太看起來是名雍容華貴的女士，甫踏入公司便散發出不同的氣息，身上雖穿著黑色套裝，但卻點綴了些簡單飾品，悲傷中散發著一種奇異的美感。

「兩位辛苦了，聽我先生說你們兩位在這段期間幫了很大的忙，真是非常謝謝兩位。」廖太太的臉上化著淡妝，似乎有特別保養過，即使年過四十，外表看起來卻只比家玲大上幾歲。

廖先生提著兩袋東西站在妻子身邊，家玲小姐則帶著溫和的表情等在一旁。

「沒什麼，廖太太，你們過獎了！這些都是我們應該做的，還請你們到會場旁邊先休息一下，那裡有椅子可以坐。」阿偉一邊行禮一邊帶路，領著廖先生一家人來到會場後頭，前頭則由宗賢和陳哥負責。

法事會場並不需要什麼特別裝飾，只要準備好供桌和供品，並請師姊們準時到場即可。由於今天是頭七，除了家屬之外，最重要的主事者廖先生和他的妻子也都必須到場。

時間一分一秒過去，廖家的親戚也紛紛趕到，很快地就將會場準備的座位全都坐滿，只要等誦經法師、師姊們都到齊，頭七法事就可以開始了。

首先，家屬們跟著法師前往豎靈區迎請廖爺爺的牌位，由廖先生親自捧著。回來後，在師父和師姊的帶領下開始念經做法事，喃喃的念經聲從晚上九點，直念到深夜十一點才結束。除了每個小時休息十分鐘外，家屬們都很努力地跟著念誦經文。

念完經後，廖先生在法師的引導下將父親的牌位送回豎靈區，算是整個頭七儀式完全結束。

儀式結束已經是凌晨一點多，阿偉請大家先回去休息，並約好隔天早上九點舉行簡報，並請所有親戚都出席。送走了廖先生一家人和大大小小的親戚後，我們才回值班室洗澡休息。

隔天一早，阿偉和我提早起床，特別將跟醫院商借來的簡報室整理過，待時間一到就引導那些親戚入席坐好。先自我介紹一番後，才熄燈打開投影機，讓一百吋的螢幕顯現出他精心製作的PPT。

「各位叔叔伯伯、阿姨姊姊們，昨天參加廖爺爺的頭七，大家都辛苦了，那麼今天要爲各位介紹我們公司特別爲廖爺爺設計的完整殯儀流程，等會播放解說時，請大家有問題隨時提問。在這裡先感謝廖大智先生，他提供了我們許多重要的資訊和爺爺的資料，這幾天也幾乎天天來我們公司跟我討論，先謝謝他。」簡單的開場白後，阿偉將燈光轉暗，並用眼神示意我點開第一頁，一段影片加上優美柔和的音樂，配合著口白訴說著一段故事：「她沒吃到人生第一個冰淇淋……有一天，疼她的賣冰阿伯再也沒出現……她沒和初戀情人結婚……她覺得，老公忙工作比陪孩子還多……第一次覺得兒子也喜歡被別人照顧，很開心……兒子幫她開了冰店……」

螢幕上播放著一位喜歡吃冰淇淋的小女孩從小到大的故事，初戀情人、結婚生子、兒子長大當兵、兒子資助她開冰店、孫女出生……一直到小女孩變成老奶奶，生了病沒法再走出醫院；而在喪禮上，老奶奶手上抱著冰淇淋看板的照片成爲她的遺照。照片中的她看起來是那麼開心，在最後一程時，公司安排了服務人員爲每個來賓遞上三球冰淇淋，以貫穿她的一生來爲她送行。

「人的一生，有許多事情不能如願。但……卻幫忙實現最後一個夢想……」

「用你想要的方式告別……」旁白緩緩推送著，讓兩分鐘的影片慢慢畫下句點，坐在一旁操縱電腦的我看完影片，眼角也不禁濕潤了起來。我注意到坐在第一排的家玲小姐偷偷啜泣著，不少與會的廖家親戚多少也受到影響，紛紛在昏暗的光線中拭淚。

「每個人的一生都是一部獨一無二的小說，想必廖爺爺也有他自己動人的故事。在場的各位都參與了廖爺爺一部分的人生，雖然有長有短，但都見證了爺爺精采的一生……」阿偉環顧了所有人後繼續說：「在爺爺往生之後，我們能夠爲他做些什麼呢？爺爺是否有什麼夢想沒有實現？我們是不是可以在告別式上，用最適合的東西來爲爺爺送行呢？」

「跟廖先生討論多次之後，我們選定了一件跟爺爺一生最有關係的事，那就是……

釣魚。」我按照順序點開下一頁，爺爺一手拿著釣竿一手抓著大魚，臉上露出燦爛笑容的照片出現在頁面中間，放大過後的照片感覺特別清晰動人。

「因此，告別式會場將會以釣魚爲主題，搭配特別設計的遊艇紙紮、模擬碼頭和繡球花，會場四周則會以爺爺釣魚的照片來裝飾，希望每位與會的來賓都能瞭解爺爺的喜好和興趣，感受爺爺精采的釣魚生活。」

螢幕轉換到阿偉預想的喪禮會場，合成照片的背景是旭日升起的海面，爺爺戴著漁夫帽，穿著全套的釣魚裝備，手上的釣竿和大魚同樣令人印象深刻，爺爺的大照片前豎立著一台紙紮做成的白色遊艇，遊艇上還搭載著幾位工作人員。

接著再下一張。組成波浪狀模擬成大海的繡球花團點綴著亮麗的色彩，然後以四顆碼頭綁纜繩的繫纜柱來裝飾，並延伸出一條木製祭壇檯面作爲擺放祭品和花籃的地方。整個會場以淺色調爲主，環繞著爺爺享受釣魚樂趣的照片，彷彿所有來賓都能感受到爺爺的喜悅。

「這就是我們的設計，關於告別式前的一些法事、功德，想在這裡一併問問大家的意見，是不是都要辦呢？還是辦完頭七之後，只辦其他的大七，像是三七、五七和七七這三個，不知道各位親戚的意思如何？」阿偉詢問在座的親戚意見。

燈光雖然微弱，但只見在場的親戚你看我，我看你，之前的那些諸多意見似乎都不好意思再說出口，大夥反而害羞了起來。過了一會兒，一名穿著素色服裝的中年婦女才緩緩發言：「可是，我們廖家的傳統……在外過世的長子們都得回鄉辦告別式才行，不然……祖先會……」

「這位……是嬸嬸嗎？其實現在已進入工商業社會，有些規矩和傳統難免都需要變通，而且好不容易辦完頭七，如果再將爺爺的大體移送家鄉……其實對大體也不是很好。」阿偉稍微解釋了有關運送大體的情形，雖然可以乾冰冷藏大體，然舟車勞頓，難免對大體造成細小的損傷。

「請各位再聽我說下去，這次舉辦廖爺爺喪禮的所有費用，廖先生已承諾將全部擔了，除此之外，他還爲爺爺安排了禮體淨身SPA的服務，到候還請大家盡量出席，參與這個重要儀式……」我配合阿偉的介紹切換投影片，阿偉爲大家詳細說明了禮體淨身SPA的流程和服務，並決定告別式的前一天作爲SPA的日子。

親戚們似乎也放下了疑慮跟立場，靜靜聽著阿偉的介紹。期間也有幾位親戚舉手發問，要阿偉說明一些細節上的問題，在場的親戚也理性地討論起地點、時間，還有會場擺設的安排，整場討論也能圓滿地繼續進行。

我在一旁看著廖先生和家玲小姐也都露出了放心的表情，看來這場討論會相當圓滿成功，接下來所有的討論幾乎都能順利定案。漸漸地大家都放下了心結，接受阿偉和廖先生所安排的大部分細節。

結束長達兩個小時的會議後，親戚們各個都像是放下心中的大石一般，帶著放鬆的心情離開會議室。特別留下來的廖先生和家玲小姐兩人，除了主動要求幫忙收拾場地之外，更買了飲料和點心來與我們分享。

「這次你們眞的幫了大忙了……太感謝你們了……能夠讓其他親戚們點頭說好，也不用把爸爸的大體搬來搬去，眞的是太好了……」說著說著廖先生眼眶又泛紅，感動地握著阿偉的手不放。

「廖先生，您別這麼說，這是我們應該做的……」阿偉一手拍著後腦杓害羞地說著。想不到廖先生是如此的性情中人，常常有如此激動的表現。

「辦過三七和五七之後，再來就是告別式了。既然已經確定爺爺接要做禮體淨身SPA，相信到時候一定可以更圓滿。下次您來跟爺爺上香的時候，要是遇到什麼問題，或親戚長輩有什麼不瞭解的地方，也請您直接打電話給我，或是直接找我們詢問。」說著說著阿偉看向我這邊說：「這次一起幫忙的專員忠翰也很努力喔！他也幫了很多忙呢！」

此時我正巧在搬著投影設備，準備還給醫院。家玲小姐則提著一袋飲料走了進來，詢問這些飲料要放在哪。一聽到名字被提起，我只是笑了笑，抓抓頭，表示自己也沒幫上什麼忙，只是些打雜之事罷了。

但廖先生已抓住我的手猛道謝，相當激動地幾乎要將我手上的東西都震了下來。家玲小姐看著父親這樣的行為，也難得露出了笑容，就像冬日的太陽一樣溫暖。

「廖先生，我們先下去吧！回到公司把東西放下，跟爺爺上個香說一聲，相信爺爺聽到這個消息一定很開心。」阿偉趕緊出來打圓場，免得我的手被廖先生握斷。

「喔！對，我得趕快跟爸說這件事，那麼我先下去了。家玲，東西拿了趕快跟我下去給爺爺上香。」廖先生激動地跑下樓，剩下我、家玲，還有阿偉三人，慢慢搭電梯下地下室。

「廖小姐平常有在上班嗎？」我搬著投影機跟家玲小姐閒聊，打發著等待電梯的時間。

「我剛從學校畢業，還在考慮要不要考研究所呢！」放下了親戚給予的壓力，家玲小姐也比較能夠放鬆心情跟我們閒談。

「原來還這麼年輕啊！我還在想說妳幾乎每天來給爺爺上香，會不會是把工作辭了之類的……」

「對了，剛剛我爸有點激動……請你原諒他……」家玲小姐不好意思地說。

「喔……這沒關係啦！只是小事情，能看到廖先生放鬆緊繃的神經，而且還能露出笑容，我們也很開心。」

「嗯！還是跟你說聲抱歉啦！」家玲小姐一手將髮尾推到耳後，一臉靦腆的說：

「那忠翰先生是剛大學畢業就來工作了嗎？」

「嗯！我還念了研究所和當兵，這是我的第一份工作。」

「那念研究所會不會很辛苦啊？課業壓力很重嗎？」似乎聊到了她感興趣的話題，不斷追問著有關研究所的事情，從準備、選校系到推薦函、自傳都想問個清楚，不過我們一下子就來到了地下室，礙於時間，她也無法再問下去。

「忠翰先生，下次可以約你出來喝茶嗎？我還有很多研究所的問題想要問你耶！」家玲小姐離去之前回頭說了這句話，接著轉身消失在自動門內。走在後頭的我和阿偉都嚇了一跳，真是出乎意料之外的發展。

「小子不錯喔！人長得帥，果然有人喜歡上你了。」阿偉訕笑著用手肘推我的肩膀，臉上的表情看起來格外白目，跟剛剛專業的形象相差甚遠。

「不要想太多了啦！她只是要問考研究所的事情而已，而且我只是個小專員，她要嘛也是看上你，你才是這場喪禮的大功臣哩！」我回虧阿偉，心中則暗自欣喜著某些事，畢竟有人喜歡也是一件好事情呢！

7 衝突

忙完廖爺爺的頭七後，接著陳爺爺的告別式也快到了。宗賢為陳奶奶所訂的東西陸續收到了回音，準備事宜幾乎已完成了百分之八十，就等辦了七七之後，便可以舉行告別式了。

結束第二個星期的工作之後，我的實習也算告了一段落，很快地，我就收到公司的通知，要我星期一回總公司再面試一次，順便檢討關於這兩個星期來工作的狀況。而就在星期天晚上，趁著工作空檔，宗賢他們在辦公室為我辦了一場小小的慶祝會，恭喜我通過第一關的實習，只要總公司沒什麼大問題，很快就可以分發到單位去上班了。

「恭喜你啊！撐過了兩個星期的實習。」由於上班期間與輪值前一晚我們都不可以喝酒，陳哥便以茶代酒先敬了一杯。

「謝謝陳哥，這都是託大家的福，多虧有大家的照顧，我才能這麼順利。謝謝大家這兩星期的照顧了。」我舉起手中的茶敬大家，宗賢跟阿偉也回敬。

大家隨意聊著天，回味兩個星期來的點滴，從我什麼都不懂到能夠幫上一點忙，知道該去哪裡拿什麼東西、教家屬摺紙蓮花、分享一些習俗上的由來和典故，也經歷過拜飯、豎靈、冰存大體和接體等工作，兩個星期以來相當忙碌的生活，讓我充實了許多相關知識。

接下來，能否更進一步就看我自己了，如今的心情就像是即將離巢的幼鷹，依依不捨地看著這個帶我入行的地方。我突然想到，陳爺爺的告別式、廖爺爺的喪禮這兩件對我來說相當重要的事還沒結束，沒有幫忙到最後，心情上有些疙瘩，總覺得不夠圓滿。

我想要參與到最後，幫忙到最後。

「宗賢……我有個問題想問你。」我放下杯子，面色有些凝重地問。

「什麼事情啊？請說。」

「有那種實習完之後回到原實習單位任職的例子嗎？」

「這個當然有啊！不過要看該單位有沒有缺人及各單位的需求來安排，其實很難說你會不會回到我們這兒任職耶！」

「是嗎！可是陳爺爺的告別式……」

「你會擔心啊？不用擔心啦！這裡有我們在，一定會處理得相當圓滿的。」

「可是，我想看到最後呢……」一想到自己沒辦法參與、幫忙到最後，我不禁露出了憂傷的表情。

「是嗎？那你可能就得碰碰運氣了，畢竟還是得由上級決定你要分發到哪個單位啊！」宗賢將手上的飲料喝完，靠著桌子雙手抱胸，歪頭想著。

「反正每個人幾乎都會調來調去，搞不好你會被送到安健或榮總這些地方，那裡可都是大單位呢！少說也有二十個禮儀師輪流服務，上班模式也跟我們這邊不太一樣。」阿偉插話說。

「不用想太多了，菜鳥。」陳哥也接著說：「能在這裡共事，大家都是有緣，日後只要你繼續待在殯葬業，我們都會再見面的，你看你不也是遇到學長了嗎？」

「至於陳爺爺和廖爺爺的喪事，你就不用擔心了，宗賢和我都會好好做的。如果你能回到這裡當然好，不行的話，我們等告別式前再發通知給你，讓你也能來出席不就好了。」阿偉相當樂觀地笑著說。

「阿偉，你少亂開支票，你也要看他到時候能不能出來啊！要是那時有別場告別式要跑，要怎麼來我們這？」宗賢笑說。

「對喔！」阿偉一副恍然大悟的樣子，誇張的表情和輕鬆的態度讓我暫時擱下這件事。反正，公司調我去哪就去哪，一切都隨緣吧！

翌日一早，我換好衣服前往總公司見之前面試我的長官——吳志文副理。時間是早上十點，我跟王經理已經坐在小會議室，隔著桌子進行實習後的面談與面試。

我們先是閒聊了一陣工作上的點點滴滴，值夜會不會不習慣、工作時間能都配合、體力的調配，或者有什麼疑問等，輕鬆的氣氛讓我原本緊張的心情放鬆了許多。

聊了一陣子後，王經理才切入此次面談的主題。

「根據這份報告指出，你的工作能力、和同事的相處、服務家屬的態度、各種儀態禮貌上的表現等，都相當出色，雖然在殯儀方面還有許多不太瞭解的地方，但那些知識都可以藉由閱讀和經驗來累積，相信你也會很快熟悉。」

「謝謝長官誇獎。」

「另外一些考核的部分你也都通過了，因此再次恭喜你加入我們公司，接下來就會爲你安排分發單位還有報到時間。」王經理開始翻起手上的資料夾，找了一陣子後，停在一張相當複雜的建設圖上，又翻到其他頁面。

「原則上，我們會安排你到醫學中心，讓你體驗一下較大型單位的工作量和不同的組織領導風格，如果日後有機會，你願意調派其他縣市工作嗎？還是你想要回到家鄉工作，我們也是可以安排的。」

「其實……我希望可以先回大山單位服務一陣子。」

「哦！爲什麼呢？」王經理似乎很失望的樣子，一臉驚訝地看著我。

「我在實習期間參與較多的兩位爺爺的告別式就快到了，我希望可以繼續在那服務，至少到辦完他們的告別式，日後的調職再請公司決定，但基本上還是接受公司的安排吧！」

「嗯……你的要求很有趣，不過請不要抱太大的期望，畢竟公司還是有公司的立場。」王經理思考了一會兒，將一些資料疊了疊收好，似乎準備結束這次面談。

「有件事不知道該不該跟你說，不過……」王經理用右手手指重複敲打著資料夾，似乎在抉擇著什麼事。

「嗯？」

「你的母親有打電話到公司……嗯……詢問一些事情，也許口頭上是有些激動……客服人員有往上呈報這件事，因此我們希望你趁著正式報到前這幾天，回家和母親溝通看看，好嗎？」王經理用詞相當保守，但回想母親那天跟我說得那麼激動，想必那位客服人員也不太好受。

「是的，經理。我會找時間回家一趟，跟家裡人好好溝通……」我有點擔心家裡的狀況，另外也想跟那位客服人員道個歉。

「好好加油吧！趁這次機會回家充電充電，跟母親好好溝通看看，我相信她能理解你投入我們這行的決心，一定能夠理解的。」王經理站了起來，伸出手跟我握手。

「謝謝經理。」握過手之後，我隨著經理一同離開會議室，寒暄一陣後，我便離開總公司回租屋處，準備收拾東西回家鄉一趟。

將該送洗的西裝送去洗衣店，檢查過租屋處的水電瓦斯之後，帶著簡單行李搭捷運往火車站，再改搭高鐵回家。從台北到台中新烏日站只花了一個多小時，接著轉搭區間車到台中車站，徒步一陣子後再轉公車上山回家，前後花了將近三個多小時才到達家附近的站牌。

提著在台北車站買的伴手禮，背上背著背包，穿著牛仔褲、T恤和短筒靴，我踩著輕鬆的步伐往家的方向走去。在我離開家鄉的這段期間，台中似乎都沒有什麼變化，即使到外縣市當兵一年、在台北工作幾個月，甚至出外求學六年，台中的一草一木仍保存著原樣，火車站前廣場、第一廣場的仁友客運、沿途的風景、建築物，就連離家最近的站牌那個土地公廟、圓環上的大榕樹等都沒有變化，以最原始的微笑歡迎著我。

唯一變的是老舊的警察局整個打掉翻新，蓋了一棟全新紅白相間的建築，圓環四周的商店似乎變多了，也許是因爲這幾年家鄉的風景名勝更加受人矚目的緣故，但看著山腳下那些鐵皮搭建的簡陋餐廳和美食廣場，不禁有些憤慨和難過。

沿著柏油路往上走，先穿過只容一輛車經過的小巷子，巷口的理髮廳是堅持傳統手藝的老伯，他一邊曬著擦臉用的黃毛巾一邊跟我打招呼，問我是否結束學業在工作了；接著再往前走，過一座橋之後，就會看到一個登山口，用水泥打造的階梯和一部分山壁上刻著寺廟的登山歌，一隻畫著卍字的手掌虔誠地立在階梯前，隔著馬路向我招手。

繼續往前走，專門做紙紮的公司依然屹立不搖，原本從一層平房變成透天厝，再到收購附近土地作爲倉庫，一直以來擁有相當大量的訂單，逢年過節或迎神賽會之前，都熱鬧非凡地加班趕工。接著穿過一排新蓋的出租公寓，跨過馬路之後沿著斜坡往上爬，再走十分鐘，就到達社區大門。

「啊！少爺，您好久沒回來了，已經在工作了嗎？」社區警衛一看到我立刻站了起來，揮著手熱情地跟我打招呼，那總是要叫我少爺的習慣依然不變。

「是啊！在台北工作，最近放假剛好可以回來一趟。」點頭致意之後，我踏進社區，一路走來早已汗流浹背，但回家的感覺還是讓我情緒激動、心情極佳。我們這個社區的建築物相當有特色，每家各自採用不同的風格設計，有地中海希臘風，也有日式建築，或者美式大公館，與一般建築公司設計的統一規格大異其趣，呈現出一種隨性自在的美感。

我家是一棟看似正方體的灰色四層樓建築，被一大片爺爺和父親隨意栽種的樹木包圍著，庭院裡有一部分是蓮花池與魚池、假山和石桌椅的組合，半掩入地面的一樓採用落地窗形式，與外頭的自然相連，總是能呼吸新鮮空氣的房間目前由大姊一家人居住，平常上班非常忙碌的大姊早出晚歸，兩個孩子則由母親幫忙帶。

父親跟姊夫長年在大陸工作，就算能回來，也只待上一兩個星期，因此這個家如今只剩下老弱婦孺，也許我該調回台中工作，就近照顧家裡。但總得先通過母親這一關，讓母親認同我的工作和理念才行。

「媽，我回來了。」穿過車庫拉開紗門我走入屋內，一樓的出入口設在廚房兼餐廳的地方，桌上攤著報紙和水果盤，卻沒見到母親和小朋友們的身影。先將手上的東西卸下放好，最先來歡迎我的卻是大姊養的狗饅頭，一隻白色短毛馬爾濟斯繞在我腳邊跳來跳去，不斷吐著舌頭。

「舅舅，您回來了。」接著一聲稚嫩女聲，隨即直撲向我懷裡，我笑著將她抱了起來，用額頭對著她的臉搔癢。

「小妞妞，舅舅回來了。」我一手抱著小外甥女踏入中間的客廳，母親正坐在沙發上照顧睡著的外甥阿寬。電視關到相當小聲，正播出政論節目，來賓相當激動地互相爭論著。

「你回來啦？先去洗手再去冰箱拿水果吃。」母親的聲音異常冷靜，可能是因爲有小孩子在的關係吧！我放下外甥女走到廁所，洗過手後到冰箱拿出切好的水果，靜靜坐在沙發上一邊吃水果一邊陪外甥女玩，很微妙地與母親保持大概一個人的距離。

「下午沒事的話，幫媽去把外面那些帳單繳一繳，還有一筆工人來家裡換水池過濾器的費用，也都去處理一下吧！你那有錢嗎？」說完母親將錢包裡的幾張千元大鈔交給我，走到外頭拿了幾個信封和帳單進來。我按照帳單分別將金額塞入信封裡。

下午我開著母親的車四處辦事，先是到便利商店繳電話費、電費、水費之類的，然後又繞到西區店家繳了過濾器的費用，等到所有事情都辦完了，我才想起自己還沒吃午餐。

於是我隨意地在速食店吃了東西，回到家時，母親交代我帶外甥女到公園玩，自己則帶著姪子睡午覺。一回到家，我除了跑腿之外，也當了臨時奶爸幫忙照顧小朋友。雖然外甥女才三歲，但是活力驚人，在公園裡玩了一個多小時還不願意回家，最後是天快黑了，才依依不捨地揮別玩伴，跟著我回家準備吃晚餐。

回到家，母親帶外甥女去洗澡，將照顧外甥的責任交給我。於是我抱著外甥在客廳走動，一面逗著可愛的外甥打發時間，一面看著電視上的美國電影。回到家的時光幾乎都奉獻給做家事和帶小孩，我想這樣多少可以減輕一些母親的不滿吧！至少，可以分擔一些母親的辛勞。

吃過晚餐，我幫著母親將廚房裡的碗都洗乾淨，整理桌子，並將廚餘垃圾都倒掉，再回房間洗澡換衣服。我的房間位於三樓，隔著一條小走道是我原本的房間和樓梯，再通往後則是父親的書房和主臥室。自從姊姊嫁了之後搬到一樓居住，我則搬到現在的房間，原本的房間現在成了書房和倉庫，用來擺放一些用不到的東西。

洗完澡後，我包著浴巾待在房裡，使用筆記型電腦上網並稍微整理了一下資料，王經理特別點出我專業知識不足的問題，我得趁著放假期間加強一下才行。

一邊閱讀公司的資料手冊，一邊聽著電腦播放的音樂，享受著難得清閒的夜晚。今天的課題是如何爲家屬介紹各種安葬方式，盡量幫助家屬選擇日後方便整理，也不會造成太大負擔的葬法，同時學習近幾年來出現的新式葬法，瞭解它的優缺點，才能爲家屬提供適當的建議。

讀著讀著，時間也將近九點多，一向早睡的母親已回三樓房間睡覺，經過我房間門特別敲門進來，提醒我幫忙巡視一下房子裡的門鎖窗戶，要我不要太晚睡覺，之後轉身離開。母親的平靜讓我難以想像，也許是過了一段日子冷靜了許多吧。我暗自下定決心，明天早上找機會跟母親好好談一談，相信可以讓母親瞭解我的心情。

正當我想要熄燈睡覺時，突然傳來了敲門聲。

「誰？」我起身走向門口。

「你老姊啊！還有誰？」姊姊自行開門走了進來，剛下班的她還穿著套裝，一手將塑膠袋遞給我，熱騰騰的燒烤和一罐啤酒正是我最喜歡的消夜組合。老姊雖然年近三十，又生過兩個小孩，但身材依然保養得不錯，娶到她眞是姊夫的福氣。

「老姊妳怎麼也跑上來了，兩個小孩誰顧？」我邊吃著甜不辣邊問。

「你姊夫啊！他昨天剛好回來，這次放假一星期算不錯了，這兩天我應該可以請假帶小孩出去玩，正好讓媽休息一下。」老姊也吃起了燒烤，兩人就站在門口聊了起來。

「怎麼樣，新工作做起來還順利嗎？」

「還不錯啊！前輩們對我都很好，工作也不會很累，算是適應得還不錯吧！這次回來休假之後，就正式到單位報到了。」

「不過啊，最近老媽似乎滿煩惱的，是因爲你的工作嗎？」

「我想是吧……媽好像非常反對我去那個地方工作，但她今天卻什麼也沒跟我說，媽最近有怎麼樣嗎？」我將母親打電話來跟我抱怨並大發雷霆，還有公司的王經理告訴我有關母親打電話去公司的事跟老姊簡單說了。

「也許媽只是不想在小朋友面前跟你談這件事情吧！」老姊認眞地說。接著突然又想到了什麼一般，彈了一下手指：「明天老姊請假跟你姊夫把小孩子們都帶出去玩，讓你和媽獨處，你趁這個機會陪媽，順便把事情講清楚吧！」

「聽起來似乎不錯喔！這次回來總是要把這件事搞定，不然我一邊擔心媽一邊工作，也不是辦法……」我歪著頭想了想，覺得姊姊的提議相當不錯。

隔天早上，也許是因爲上班都相當早起的緣故，大概五點多就起床盥洗。當我洗好臉走出浴室時，從一樓上二樓的樓梯間已經傳來抽風機的噪音聲。換好衣服後走下二樓，經過餐廳和廚房後踩著嘎吱作響的鐵梯下到一樓，母親已經穿著圍裙在做早餐。

「媽，早安！」我走到水壺旁倒了杯水，悠哉地看著桌上的菜餚，想不到一大早母親已經準備了青菜豆腐和煎肉，電鍋上正冒著白煙。

「起來啦？先到外頭把報紙拿進來。」母親還在爐火前弄著另外一道菜，看起來像是番茄炒蛋。

拉開紗門走到外頭，山上清新的空氣立刻灌進我的鼻腔，一路順暢，濃濃的芬多精讓我整個肺部像是滌盪一新。右手邊的庭院裡有幾隻蜻蜓、豆娘四處飛舞嬉戲，洋溢著令人放鬆的氣氛。

抬頭看著天空，太陽繞著白雲探頭，白淨的藍天令人心曠神怡，今天果然是個適合踏青的好日子。

「今天一定要跟媽好好談一談。」我從信箱中拿出報紙往回走，心中暗自下了決定，用堅定的語氣給自己加油。外頭原本停著三輛車，如今只剩下兩輛，看來大姊一家人已經早早出門。昨天大姊說要去日月潭坐纜車和遊湖，以她們一家人出去玩的前例看來，不到入夜是不會回家的。

「來吃飯吧！你姊不知道在急什麼，一大早天還沒亮，早餐也沒吃，就拉著你姊夫出去踏青，兩個小孩還在睡就都抱上車，說什麼要去日月潭搭纜車什麼的，現在搞不好已經到了。」母親將最後一道菜裝進盤子裡，兩人分坐在桌子的兩邊，悠閒地進食著。

母親喜歡邊吃飯邊看報的習慣還是沒改，她一面用筷子夾菜往嘴裡送，一面將全開報紙對摺放在餐桌上。今天的頭條新聞大大地豎立在我的眼前，看不到母親究竟是津津有味地吃著早餐，還是讀著報紙，兩人各自做著自己的事，誰都沒開口提有關我工作的事，反而保持一種微妙的平衡。

「等會吃過飯，媽要先出去散步爬山，晚點回來，我們再談談你工作的事情吧！」母親率先開口打破僵局。

「好。」

「你等一下把碗盤洗一洗，桌子收一收，該冰的拿進冰箱，記得要擦桌子和倒垃圾，抹布要洗乾淨！」吃完飯後，母親將碗筷放進洗碗槽，交代一堆事情後，逕自爬上三樓房間，不一會兒換好衣服又從外頭的樓梯走了下來。

「記得把事情都做完啊！不要忘了。」母親再次提醒我後開車離去，應該是到登山步道運動去了。

做完廚房裡各種雜事已經十點多了，滿身大汗的上樓沖個澡並換了件乾淨衣服。母親那輛二十年老車的引擎聲在院子外響起，看來結束爬山運動的母親已經回家了。

「阿翰，過來幫媽拿菜，媽先上去洗澡，你把該冰的東西放進冰箱裡，那兩袋水果小心不要撞到了，一袋給你帶上去吃。」

當我和母親在客廳坐下來，終於要談工作的事情了。最大的客廳位於二樓，相當於一間國中教室拉長些許，一旁則銜接著通往二樓餐廳的拉門和已經變成小孩遊戲間的和室，能供給八人坐的沙發圍成ㄇ字型，正對著電視音響組。還記得國高中時，一家人都會聚在這裡看長片或DVD，如今父親長年在大陸工作，姊姊又常加班到深夜，而我得在台北工作，不知何時才有機會一家人團聚起來，悠閒地看電視閒聊。

「你也知道媽會說什麼，你還是聽媽的話乖乖辭職，你爸不是幫你安排好工作了嗎？」母親不似電話中那麼激動，反而相當溫柔，不斷訴說著進入大公司的好處：薪水、社會地位、升遷、頭銜、家族面子什麼的都說出口，從各個角度切入分析，就是要我放棄這份工作。

「媽，這份工作是我真心想要做的，爲什麼你們都不肯讓我做下去呢？」

「你也不想想爸媽年紀都這麼大了，你還在外面給我做那些不三不四的工作，能跟活人一起工作，幹嘛跟死人混在一起？」母親似乎對我的堅持感到惱怒，口氣漸漸變得急躁。

「而且喔，以前你阿公阿嬤都說，做那種工作的都是小時候不念書，長大什麼都不會的人，才會去做那個啦！爸媽這麼用心培養你、栽培你到碩士畢業，結果你去做這個什麼東西？」母親又補上了一句。

「媽，這份工作眞的和傳統的土公仔或葬儀社完全不一樣了，我們公司的禮儀師除了爲往生者服務外，還囊括所有大大小小有關喪禮的細節與安排，同時還會撫慰家屬的悲傷，幫他們紓解壓力，這樣一個應該得到大家尊重的工作，怎麼會不三不四呢？」對母親如此嚴厲的指控，我也激動了起來：「我親眼看到，有些家屬前來治喪時原本都是哭哭啼啼的，但經過與前輩們洽商之後，讓心情得到了抒發而能以平靜的態度離開，繼續面對自己的人生，這樣的工作難道會比不上一個大公司的職員、房仲業務員或者車行業務嗎？」

「你不要跟你媽說這些啦！你也不想想爸媽都幾歲了，想要早點抱張家的金孫是不行嘍！你姊雖然已經結婚，也生了一男一女，但他們都沒有跟我們家姓張啊！你不早點結婚生子，你是要我們張家絕後嗎？」母親開始胡扯其他事情，讓原本平靜的討論漸形

誇張：「你現在做這個工作，會有女生願意嫁給你嗎？人家聽到你是做這個的，早就被你嚇跑了。」

「媽，妳……」我雙手一拍椅墊將身體坐直，又慢慢躺回去，頹軟的感覺頓時湧上身：「惠芬又不是因爲我去做這個才跟我分手的，她在我當兵時就提了……」一想到前女友在我當兵時交了新男友，不禁有點鼻酸。

「你就別想什麼惠芬了，光聽名字就知道不長久。你聽媽的話啊！進了你爸朋友的公司，媽再幫你安排一下，那些大老闆、董事長們的千金都是漂亮又聰明，搭配我們家阿翰最好了。」母親似乎看出了我的心情，溫暖的手趁機搭在我的肩膀上。

「……」我低頭沉默著，不斷思考著我該怎麼選擇。我所鍾愛的工作正等著我回去，但現在卻有一堆親情的壓力阻止著我，雖然母親沒有透露她是否告訴爸這件事，但要是父親知道，也許會有更多的阻礙也說不定。難道，我就要在這裡放棄了嗎？

不，我不能放棄，怎麼能在這重要的起跑點放棄呢？

我所追求的、我所希望看到的那一切……不管將來要遭遇多少困難，應該都要勇敢突破才是，沒有道理現在回頭。

家屬自然流露的情感、親口說出的感謝……我不是信誓旦旦地當著面試官的面說了嗎?我想看到的、我想聽到的東西。

還有那完成了告別式之後的……圓滿。

不能放棄，我不能放棄。

「媽，對不起!我有我想做的事情。」我推開母親的手站了起來，母親一臉驚慌地看著我走過去，滿臉說不出話，也許她沒有想到我眞的會在這一刻違背她的期望。

「兒子，你眞要這樣對媽嗎?你都不想想媽對你的期待嗎?」母親發出最後的一聲呼喚，從小到大不斷聽到的那句話，不管是在我練習鋼琴、上心算、聽英文、補習回家、寫習題，或者收到成績的時候都會聽到的：「母親的期待。」像是一面巨大的牆壁將我包圍，沉重地壓在我的肩膀上。

但這一次，我會將它推開。

「媽，從小到大我一直都活在您的期待之中，我非常感謝您將我栽培到這麼大，而且還能念完碩士取得學位。但……現在該是您放手讓我自己去闖的時候了。媽，謝謝您!請您原諒兒子的任性，這是我這輩子第一次自己決定想要去做的事，請您成全吧!」說完，我轉身上樓關上房門，將自己鎖在房內，爲自己所說的話顫抖著。

留在二樓客廳的媽媽這下子聽傻了，她從沒想過一手栽培的兒子居然會這樣反抗她、違背她的決定，一時之間，腦中也想不出什麼反駁的話，只是呆坐在沙發上，看著兒子離去的背影消失在轉角。彷彿有種從小到大辛苦培養的兒子隨風飄散的感覺，那個從幼稚園開始就懂事又乖巧、總是跟著自己撒嬌的兒子，像是被人搶走似的……

那天晚上，老姊回來後立刻敲了我的門。我從下午到晚上一直都待在樓上房間查資料念書，只有晚餐時偷溜出去買了便當。那時母親一個人坐在餐廳裡吃飯，表情看起來相當凝重。

「怎麼樣？跟老媽的對談成功了嗎？」老姊似乎玩得相當開心，身上有不少地方都曬得紅通通的，手上照例提著啤酒和燒烤當作消夜。

「大概是失敗了吧！媽還是很堅持要我辭職回台中，不過……我堅決反對了媽，她好像很失望……」我嘆了口氣，腦中立刻浮現母親的表情：驚慌、無助，和……失望。

「算了算了，真的沒辦法也只好這樣了，你就全心全意去做吧！努力工作，好好的表現，只要你能在那個行業闖出一片天，我相信媽也會認同你的吧！」老姊拍拍我的肩膀，臉上依然是那無所擔憂的表情。

「或許吧……不過這幾天大概也無法跟媽說上什麼話了，看來待在家裡會有點尷尬呢！真不知道明天要怎麼面對媽。」我嘆了口氣，接過老姊手上的啤酒一口氣喝了半罐，如果酒醉可以壓制這些悲傷困擾就好了。

「搞不好媽明天睡一覺起來就忘了，你也知道媽的個性……」老姊雖然想要安慰我，但我們都知道這件事非比尋常，不會那麼簡單就擺平的。

「我還是早點上台北準備工作好了……」我又嘆了口氣，看來現在是用工作麻痺自己的大好時光，沒有女朋友，又和母親起了衝突，也許這是上天爲我安排的，讓我專心工作的一個機會吧！

「臨走前，還是跟媽多說幾句話再走吧！至少也去買幾樣媽喜歡吃的點心回來，看能不能讓媽回心轉意，加油！」老姊將消夜都交給我，便轉身下樓。看著有個不錯的工作又有老公小孩陪伴的老姊，眞是讓人有點羨慕。

我也得好好加油才行。

既然已經選擇了這條路，我就要好好拚上一拚了。

媽，我一定會讓妳看到我的成功！

8 心意

接下來的兩天都在相當尷尬的氣氛中度過，我跟母親幾乎一句話也沒說到，除了盡心盡力幫忙做家事、照顧小朋友之外，我找了時間見見一些大學同學和朋友，開車四處去買了些母親喜歡吃的名產點心，還準備了一些要帶給公司的同事吃，一切就緒後，休假結束前一天我才搭上回台北的火車。

臨走前，母親只交給了我一包水果和一袋衣服，跟我說了句多穿點衣服，台北冬天比較冷，不要感冒了，就任由我關上計程車門，讓那黃色的別離情緒帶著我下山，自己轉身回屋內去了。

回到台北，稍微打掃了房間並洗了個舒服的澡，將一身旅塵洗去，換上乾淨衣服，便拿著名產出門。這些東西還是早點送到公司給陳哥他們吃吧！不管日後分發到哪，我還是得感謝他們的照顧才行。

下午悠閒地走在民生社區，即將開學的校園裡充斥著學生們的嬉鬧聲，一旁的車行有幾名工作人員正在清洗待售車輛，麵店老闆準備著中午的食材，大家還是一樣的忙碌，充滿著活力與幹勁。

走過長長的圍牆之後左轉，路過軍公教福利中心再往前走一段，就是公司前的斜坡，往下走，工作了兩個星期的公司就在眼前，不知道今天下午是不是相當清閒，公司外頭居然只停了四輛摩托車。

「您好，請問有什麼需要幫……」陳哥一起身看到是我又坐了回去，只是揮揮手跟我打招呼，熟悉的表情依然掛在那張有些許皺紋的臉上。他原本以爲是需要幫忙的家屬吧！我將手上兩袋名產放在接待櫃檯上，笑著跟陳哥說：「陳哥，辛苦了啊！這是我從台中買回來的名產，請大家吃。」

「喔！不錯不錯，我還滿喜歡吃台中太陽餅的。如何？回去度假之後又充滿了活力了吧？」陳哥打開袋子看了一下，接著又將袋子繫好。

「嗯……應該算好好休息了一陣子，重新凝聚了上班的動力了吧！大概就像是……確定了什麼事情，那樣。」我有點結巴的說，也許陳哥已能讀出我話語中的意思了。

「不管發生什麼事，你還是要盡力達到你所追求的目標，畢竟這是你的人生啊！好好加油吧！小子。」陳哥不知爲什麼突然說了這句話，然後用相當平靜的表情看著我。

「是，謝謝陳哥。那我把東西拿進去辦公室放。」道謝過後，我將桌上的名產拿進辦公室，宗賢和阿偉正在電話中，跟他們揮手之後，我將桌上的名產放在我的辦公桌上，一一將它們拿出來擺好。

鳳梨酥、太陽餅、杏仁糖、鳳爪、豆乾、毛豆等滷味，我將要冰的和不用冰的分門別類，接著將該冰的東西放到冰箱。回到辦公室時宗賢早已結束了通話，正翻閱著桌上的一堆資料填著表單。

「今天下午都沒有家屬來嗎？難得可以輕鬆一下呢！」我先將太陽餅拆開擺在盤子上，繞行一圈分給大家吃。

「早上才剛忙完呢！晚上也許還會再忙一陣子。對了，你接到公司電話了嗎？上面應該已經決定你分發的單位了。」宗賢拿了一塊太陽餅，先是嗅了一下才大口咬下。

「還沒接到，也許這兩天就會收到通知了吧！希望可以回來這裡服務。」我也抓了一塊太陽餅，靠著桌子吃了起來。

「可以的話當然好啊！先在小單位磨練一下，然後轉調到大單位，再經由外縣市的輪調，搞不好可以進入總公司的管理階層，到時你很快就升級了。」阿偉也抓了一個太陽餅邊吃邊說。

「其實輪調到外縣市也是一種機會啦！輪調出去再回來，多半都能升個代處長或者處長的。不過，說那麼多，你還是要先考到禮儀師執照才行。」宗賢補充說。

「從專員升到禮儀師要經過什麼程序嗎？」

「首先，你要參加國家舉行的喪禮服務丙級技術士技能檢定，取得執照後，再參加公司內部舉行的考試，到時就看你服務的單位有沒有推薦你，有推薦的話，就可以參加升等考試，通過的話就能升上禮儀師了。」宗賢詳細解釋了晉升成禮儀師的過程，還稍微解釋了升上處長與其他外調的方式。

「所以……最快的話，大概半年內可以升上禮儀師嗎？」

「目前公司最快的記錄是八個月，如果你想要試試看，今年底公司可能會舉辦內部考試，應該是個不錯的機會。」宗賢說，手上的太陽餅已經吃得一乾二淨。

「原來如此。宗賢謝啦！我拿一些去給陳哥吃。」我拿出盤子裝了一些太陽餅跟鳳梨酥，走到外頭放在陳哥桌上。

「陳哥，休息一下吃點東西吧！」陳哥拿了一個太陽餅，接著在樓下吃了起來。我也拉了張椅子在一旁坐下來，悠閒地喝起水來。

難得大家享受一陣子悠閒的時光，等幫他們買了便當後，我就回家休息，等待隔天電話通知我的上班地點。

隔天早上用過早餐，正在燙襯衫時電話響起了。

「您好，請問是張忠翰先生嗎？」電話那頭傳來清脆的女聲，原來是人力資源部的簡小姐，今天打電話來告訴我要前往的單位。

「不好意思久等了，因爲公司最近在進行禮儀單位人員的調動，所以在你的任職單位上討論了很久，是剛剛才公布的。」電話那頭先傳來一連串解釋的文句，接著又說：「請您明天早上六點半到大山單位報到吧！根據記錄，那裡也是你實習的地方，相信應該很快就能進入狀況。那麼，請您好好努力工作。」

「喔！好的，謝謝妳的通知。」掛上電話之後，我雙手握拳大喊一聲：「太好了！可以回去大山單位工作了。」我帶著愉快的心情繼續燙襯衫，很快就把早上的時間消磨一空。用過午餐，趁著下午的時光去大賣場買了一些飲料和泡麵補滿家裡的食物櫃，接下來可不知道什麼時候才有空再去大賣場。

此時電話聲突然響起，一看是個陌生的號碼。

「喂！您好，請問找誰？」

「您好，我是家玲，請問是張忠翰先生嗎？」原來是廖先生的女兒，想不到她居然會打電話找我，眞是不可思議的……情況？

「是的，我是。請問有什麼能爲您服務的嗎？是關於爺爺的事情嗎？」

「不是的，其實是我個人想要找你，問一下關於考研究所的事情，請問你下午有空嗎？」

「是可以啦！那要約在哪裡比較方便呢？」

「就約在三民路圓環的星巴克咖啡好嗎？我從家裡走過去大概只要幾分鐘。」原來家玲小姐的家就在民生社區附近而已啊，住這麼近眞是好巧。

「那我準備一下之前考研究所的資料，我們約半個小時後見好嗎？」

「好的，那等一下見嘍！」掛上電話，我呆站原地看著窗外，確認外頭的天氣之後，趕緊換衣服準備資料，接著騎腳踏車出門。左轉光復北路之後，沿著民生東路往東走。由於時值下午時光，來往的行人臉上似乎都掛著悠閒的神情，像是拍偶像劇一樣，人人都有著時裝模特兒的身材。

大約經過十分鐘車程，我停在圓環旁的星巴克前，等待家玲小姐前來。

「對不起！等很久了嗎？」家玲小姐銀鈴般的聲音在後頭響起，原本還盯著櫥窗裡頭看的我赫然轉頭，只見她化著淡妝，穿著白色碎花洋裝搭配鵝黃色小外套，修長的纖腿套著羅馬涼鞋，背著藤編包，戴著一頂舒服的草帽，幾乎像是從電視廣告裡走出來的明星一樣的穿著。我頓時看傻了眼，平常她跟著父親來時，都穿著簡單的黑衣素服，想不到打扮起來如此明媚動人。

「沒……沒有……我剛到而已，先進去吧！外面還滿熱的呢！」我趕緊將腳踏車牽

到旁邊停好，帶著家玲小姐進門。進門前，我特地先為家玲小姐開門，自己才跟了進去。

「歡迎光臨。」我和家玲小姐並肩走到櫃檯，看著上頭滿滿的菜單，一時也無法決定要喝些什麼。

「妳知道什麼比較好喝嗎？我平常……不太喝這東西。」我搔著後腦杓，一點也拿不定主意要喝什麼飲料：咖啡、茶、果汁、星冰樂等琳琅滿目。

「我比較常喝焦糖瑪奇朵，不過今天的天氣很不錯呢！也許可以喝星冰樂這種比較冰的。」家玲小姐認真思考的模樣也格外好看，站在櫃檯前用食指搔著下巴。

「那……」思考了一陣子後家玲小姐點了一杯摩卡可可碎片星冰樂，我則點了一杯最普通的冰咖啡，再配上乳酪蛋糕和千層薄餅，兩人拿著滿滿一盤，找了個靠角落的位子坐了下來。

「很久沒有這麼悠閒地坐下來喝下午茶了，家玲小姐最近為了爺爺的事情一直跑醫院，應該也難得可以休息一下吧？」

「是啊！真的很感謝你跟謝冠偉先生的幫忙，要是沒有那場說明會，現在跟親戚們一定還沒辦法溝通。」家玲小姐喝了一口星冰樂，由於太冰而倒抽了一口氣，輕輕地吐了一下舌頭說聲：好冰。

「其實都是冠偉負責主導規劃，我只是剛入行的實習專員，只能在一旁幫忙而已。」平常叫阿偉阿偉的都習慣了，改口叫他冠偉還眞是有點拗口。

「不不不，你們都做了很多事情幫了很大的忙，我爸還一直誇獎你說你看起來很聰明，我跟他說你有碩士學歷，他還嚇了一跳呢！」我們兩個閒聊了一陣子，接著才切入主題談到她想要考研究所的事。

我先跟她說了一下我大概怎麼蒐集研究所的資料、考古題，然後擬訂時間表、安排作息時間和念書科目，同時也不忘運動來補足體力，讓自己隨時保持可以上場考試的狀態；接著又分析了一些面試時的穿著打扮、應答技巧和備審資料怎麼準備等重點，拉拉雜雜的聊了快一個下午，一看時鐘發現已經快五點半了。

「啊！不知不覺居然都快晚上了，妳等一下還要回家幫忙吧？還是要去公司祭拜爺爺呢？」

「等會要回家幫忙準備晚餐，今天眞是謝謝你了，讓你花了一下午時間來跟我解釋研究所的事情。」家玲小姐開始收拾包包準備離開，我將資料裝回袋子裡，順便想想等一下晚餐要吃什麼，難得到三民路這邊來，也許可以到後頭吃點不一樣的。

「那……就準備回去嘍！這些資料妳要拿回去嗎？對妳來說不知會不會有點重。」

拿著這疊稍重的資料，我有點擔心家玲小姐沒辦法扛這些東西。

「其實我家就在前面而已，不會很遠的。」家玲小姐主動伸手要從我手上接過那袋資料，但又因爲太重而有點不穩，我趕緊上前想要扶她一把，或接住袋子以便分擔重量，似乎也踩到了一小塊濕滑的地板，一瞬間完全沒辦法決定到底要怎麼做，兩人早已撞個滿懷，就這麼跌倒在星巴克的地上，整袋資料都散了開來，砸在我的身上。

家玲小姐整個人跌坐在我身上，雙手撐在我的胸口，並露出一臉驚慌的樣子，手提袋和草帽也四散一地。我躺在地上與她四目相對，兩個人都嚇傻了，完全不知道發生了什麼事，兩個人居然就摔倒在地上。

「對……對不起！我馬上起來。」家玲小姐緊張地想要趕快站起來，卻因爲高跟鞋不太好施力，反而又跌了下來，整個人摔進我的懷中，家玲小姐的秀髮飄散在我的眼前，洗髮精的香味竄入鼻中，配上體溫，讓人一時之間腦中一片空白，差點忘了要把她扶起來。

一旁的員工趕緊伸手幫忙，幾個人手忙腳亂一陣，才終於站了起來，我蹲在地上開始撿家玲小姐的東西和資料，在員工和家玲小姐的幫助下，很快便把東西都收好，然後在員工們擔心的神情下扶著家玲小姐離開。

「眞是不好意思，剛剛都壓在你身上，沒受傷吧？」家玲小姐一邊用手整理著凌亂的頭髮，臉上充滿抱歉的神情。

「沒事，沒事！是我沒注意到東西太重了，妳沒有受傷才好。不如，我幫妳把東西拿回家，免得等會走路又摔倒受傷。」因爲袋子已經破了，我只好用兩手拿著整疊資料。

「這樣好嗎？可是你的腳踏車……你明天還要工作吧？」

「我等一下再走回來牽就好了，要是再讓妳摔傷了，才是罪過呢！」於是我與家玲小姐並肩往她家的方向走去，兩人邊沿著民生東路前進邊閒聊，這時我才知道原來她家眞的很近。

「那，我先上樓去了，今天眞的很謝謝你。」家玲小姐輕輕地一鞠躬，相當有禮貌地跟我道謝，我也趕緊回禮說：「不會不會，能幫上妳的忙我很高興。」

「對了，家玲小姐……」當她轉身正要開門時，我突然有話想說，於是叫住了她。

「我實習結束了，今後也會回到大山單位服務，我一定會努力把爺爺的喪事辦好的。」雖然不知道自己爲什麼會發出這樣的宣言，但在看到家玲小姐的笑容後，我相信這樣對自己的要求是對的。

家玲小姐再次揮手跟我道別，臉上的笑容像是開在冬日的花朵那麼溫暖燦爛。我不知道自己有沒有意識到我是一臉傻樣的和她揮手，目送著她消失在門口，不知過了多久才回過神來，趕緊回頭牽腳踏車回家。

隔天一早，我帶著異常快樂的心情騎腳踏車去上班，不論是打掃環境還是換花果拜飯，都帶著清爽的表情，和我一起工作的陳哥和宗賢不時露出奇妙的微笑看著我。

「怎麼啦?菜鳥，心情這麼好，放假遇到什麼好事情嗎？」陳哥如此推論，但我只是點點頭，依然帶著輕鬆的微笑。

「我想他一定是因爲能回到我們單位工作太開心了，一定是這樣。」宗賢在一旁點頭答腔，一副理所當然的模樣。

結束了早上的工作，我們回到辦公室，準備按照白板上的行程安排今天每個人的工作。宗賢站在白板前思考了一下，轉頭過來看著我說：「我想你應該差不多可以試試這個了。」

「試試哪個？」我循著宗賢的視線看過去，只見板子上寫著今天要進行的告別式和一些雜項。

「今天下午有一場告別式，昨天跟家屬已經先把往生者的大體從冰庫裡取出退冰了，等會你就跟陳哥一起過去幫大體做洗穿化，你要好好學習，並且幫陳哥的忙啊！」宗賢如此說道。

「是，我會注意的。」我收斂起輕鬆的神情重新集中精神，一想到今天就能親眼目睹遺體化妝的工作，不禁有點緊張。不，自己已經是一個專員了，通過實習之後，我得更加要求自己才行。

差不多將其他工作都先處理完後，九點多時，陳哥給我使了個眼色，趁著外頭並不忙碌，我們一同前往冰存室。按照慣例先行禮表示尊敬後，我們拉開冰存室拉門走了進去，眼前一張推床上躺著一具用罩子罩住的大體。

「先穿防護衣那些吧！」陳哥分別遞給我口罩、防護衣和手套要我依序穿上，先是醫療級的防護口罩，再來是從脖子一路覆蓋到膝蓋的罩袍式防護衣，最後則是連同防護衣袖口都罩住的長手套，完整的防護裝備讓我以爲自己將要去處理什麼核子物品。

「自從SARS事件之後，公司更加注重工作人員的生命安全，這樣不僅可以保護自己，也能保護別人，日後你來做洗穿化的時候千萬要記得穿著順序，脫時順序反過來即可。」陳哥的聲音透過口罩聽起來有點模糊，我點頭表示聽清楚了。

「陳哥，我們這裡的洗穿化跟一般公立殯儀館有什麼差別嗎？」

「原則上基本流程都差不多，但我們這裡可以讓往生者的家屬在一旁參觀洗穿化的過程，而且我們的防護是比較足夠的，使用的物品也都比較好，而這本來就是私人機構要比公家機關更好更突出的地方。」陳哥雙手合十，對著往生者拜了拜，接著要我站到另一邊，準備將罩子揭開。

一翻開罩子，一位相當年輕、大約只是大學生的清秀男生躺在裡頭，表情相當安詳地沉睡著，看他身上沒有什麼外傷，讓我完全猜不透他爲何往生。陳哥確認了往生者的手圈後，看著我說：「這個少年才十九歲，想不到這麼年輕就過世了。」

「有什麼特別的原因嗎？」

「這個案子是我接的，當初送來的時候我也很驚訝，畢竟他們家就和我家同一層樓，據說那天他跟他爸出去外面吃飯，也許是天氣很熱、也許是他騎腳踏車比較累吧！聽說一回家靠著沙發休息就這麼過世了，醫院診斷說是心臟痲痺之類的突發病症。」

「眞是不可思議！一個年輕人就這麼……」

「是啊！我去他們家接體的時候也嚇了一跳，想不到會發生這樣的事。今天下午是他的告別式，等會洗穿化完成之後，你跟我一起送他去吧！也算是讓你複習一下告別式的整個流程。」

「是的，陳哥。」接著我們兩人開始默默地進行洗穿化的工作。先用剪刀將大體身上原本的衣服剪開，然後輕柔地全部脫下，所有要丟掉的東西全放在醫院提供的感染性廢棄物專用垃圾袋中，以免和其他東西混在一塊。

接著陳哥取來一桶溫水，我們分別用新毛巾沾濕擰乾，將少年的大體從頭到腳擦拭乾淨，不管是在擦拭期間，或爲大體翻身擦拭背面，陳哥的表情都是那麼嚴肅而莊重。整個過程總共用了六條毛巾，每用完一條就丟在垃圾袋中，完全不重複使用。我想，這也是爲了衛生的考量吧！

進行這些工作時，陳哥一直保持著嚴肅而不緊繃的表情，用非常認眞的態度看待這件事，我在一旁也感染著陳哥的情緒，跟著努力幫忙。

清理完身體後，我們開始幫往生少年穿衣服。先換上新的紙尿布以防可能流出的穢物弄髒衣服，接著從下半身開始往上穿，一直到上半身衣服都穿好，釦子也都扣上爲止。少年穿著傳統壽服的樣子眞是讓人覺得有種違和感，這麼年輕居然就離開了人世，這世界上還有多少事情他都還沒經歷過，有多少地方還沒親自走一走呢？

「接下來我要幫往生者修容、化妝，你在一旁看著吧！」陳哥從一旁取出化妝箱放在少年的頭旁，開始最後一道程序。陳哥先從刮除鬍鬚開始，先噴上少許刮鬍泡，用剃刀沿著少年的唇型、臉頰、下巴都清除乾淨，再用我爲他遮上的濕毛巾仔細擦過。

「幫我換水，這水已經不熱了。」按照陳哥的指示，我趕緊將臉盆裡的水換過。陳哥試過水溫之後點點頭，再次用濕毛巾擦拭少年的臉孔。接下來陳哥開始爲往生者上粉底、畫腮紅，不時還比對著旁邊放著的一張照片，確認皮膚的顏色和光影的深淺變化。

「邊畫的時候要邊注意，千萬不要畫出一張美而不適合的臉，我們所要呈現的，是往生者和家人平常相處的樣子，讓他的家人一看到就知道，這就是他們的家人。」陳哥一面畫一面和我解釋，手腳利落地已經將妝底都打好，取出眼線筆開始勾勒少年的眼睛線條。最後用髮膠和噴霧為少年弄了個清爽帥氣的髮型，才呼了一口氣挺起他一直駝著背的腰，看著我點頭表示完成。

結束洗穿化的工作之後已經十點半左右，接著安排師父和家屬來移靈，並運送大體到第一殯儀館。我和陳哥將下午要舉行告別式的場地及細節先跟家屬溝通確認過才準備稍事休息，陳哥表示我們會去附近的麵店先吃個午餐再回來。

市立第一殯儀館位於民權東路和建國北路的交叉口，偌大的場地四周，環繞著各家殯葬業者的店面和辦公室。我們公司的會館正對著殯儀館大門旁，外表看起來格外精緻的建築物讓人感到心情平靜，比起一些小型獨立的葬儀社那種凌亂的樣子好上許多。

「這裡是我們台北的會館，和懷德廳兩者算是台北相當頂級的地方，主要提供給金字塔頂層的客戶使用，不管是治喪室、豎靈區，或者禮堂、助念室都相當高級，還可在裡面洗澡休息。」陳哥一邊為我介紹，一邊轉入一旁的小巷子，帶我走到一間牛肉麵店。看陳哥和老闆熟識的樣子，想必陳哥也是這裡的老客戶了。

我和陳哥各自點了一碗牛肉麵、切了些豆乾、海帶等小菜，邊吃邊閒聊著我放假回家的事以及這幾天公司的工作等。提到我與母親的溝通結果時，陳哥只是拍拍我的肩膀說：「也許目前只能這樣了，我相信你母親總有一天能夠理解，也能接受你做這個工作的。」

對於陳哥的鼓勵我點頭表示接受，不過我並沒有將家玲小姐約我喝咖啡的事跟陳哥說，畢竟還是有點難以啓齒。也許阿偉和宗賢常遇到這樣的事所以覺得沒什麼，但我第一次遇到，還做了那麼誇張的表現，眞不知該如何開口。

吃過午餐又回到殯儀館內，家屬們差不多也都到齊了。於是我們陪同家屬一起進行小殮儀式，照著辭生、放手尾錢等流程進行；接著將少年的大體移入棺木內，塞好庫錢並將陪葬品等放進去。少年的父親特別將一雙新的腳踏車手套蓋在他的手上，讓他雙手交疊握住。

入殮儀式結束後，接下來就是家奠和公奠時間。一走出禮廳，我才驚訝地發現，會場居然來了兩百多人，從他們各自上台的自我介紹聽來，從這名少年國小一直到高中、大學的朋友及同學們幾乎都已經到齊了，除了回憶光碟、同學們摺的紙鶴之外，少年的童軍團朋友們還爲他進行一場追思儀式，讓我在一旁看得可以說是驚訝不已。

待告別式整個結束，家屬們跟著大體一起前往火葬場準備火化，我和陳哥一邊收拾會場一邊聊著這件事。

「想不到一個十九歲的少年過世，居然會有這麼多人來送他，我眞的是嚇了一跳。」

「這孩子做人一定很成功，聽他爸爸說，他們沒有發訃聞，也沒有特別通知，只是同學間互相聯絡通知，似乎還成立了一個專門聯絡大家來參加他告別式的小組，眞的……讓人蠻驚訝的吧！」陳哥和我一人一邊搬起摺疊桌，準備將它收到倉庫裡去。

「我想，就算是社會上的名流、富商，或者政治人物過世，也許到場的都不是眞心要來祝福他們一路好走吧！搞不好只是來爭遺產，或者搶著要露臉之類的，能像這個少年一樣的人又有幾個呢？」

「參加一場告別式，會讓人想很多啊！」陳哥有感而發地說：「其實人生的一輩子都在爭，但究竟在爭什麼呢？當你躺下蓋棺論定的時候，究竟能留下些什麼呢？」

「應該沒有人能夠接受吧！要是自己躺下之後，願意來看你的人只有草草兩三人，或者根本沒人願意來送你……」

「這是一定的。」陳哥肯定的說。

會場整理結束，我和陳哥騎車回到公司繼續工作，一直到晚上買了便當大家輪流吃飯時，才休息一陣子。今天剛好是阿偉休假的日子，我想他也難得可以待在家裡好好休息一天吧！

晚上八點多，陳哥也下班回家，今天留下來值夜的是我和宗賢兩個人，等到來祭弔詢問的家屬們都回家後，我和宗賢又討論了一下陳爺爺告別式的細節，才先後進去洗澡準備休息。

距離陳爺爺的告別式大約還有一個星期，想必宗賢相當注重這件事情，今天下午點貨時，我發現倉庫裡多了兩只大紙箱，上頭貼著「宗賢用，勿拆」的貼條。

躺在值班室的床上，深夜的公司依然寧靜如昔，看著昏暗的天花板，我有點睡不著，另一張床上的宗賢則是早已發出穩定的鼻息聲。回想著昨天和家玲小姐見面的情節，我不禁露出淺淺的微笑，也許她眞的對我有意思吧！不過，現在想這麼多還眞奇怪，得先把工作做好才行，是否可以跟她更進一步呢？

「小子，睡不著在那偷笑什麼東西？」宗賢的聲音突然傳過來，我還以爲他早就睡著了呢！

「喔！沒有，在想點事情。」

「想什麼事情啊，這麼晚還不睡？」

「……」沉默了一會兒我才說：「宗賢，你有遇過往生者的家屬對你特別有好感，或者要介紹女朋友給你認識的嗎？」

「……你碰到了什麼難題嗎？」宗賢輕描淡寫地問。

「該怎麼說呢？應該算是個難題吧……」我將和家玲小姐相約的事跟宗賢簡單說了一下，除了在她家門口所做的愚蠢行爲之外，也把一起去喝飲料的事告訴了宗賢。

宗賢靜靜地聽完之後笑著說：「你想太多了，這種事情其實也還好啊！」宗賢似乎很能理解的樣子，繼續說：「其實能和家屬相處得這麼好不是什麼壞事啊！能夠幫他們服務就算是有緣了，如果還能結成更深的關係也是很好，不是嗎？」

「是這麼說沒錯啦，可是我總覺得自己沒幫上什麼忙……」

「不用擔心，你有那份心意就很足夠了，不是嗎？那股想要幫助人的心情，才是你最重要的部分吧！」宗賢繼續說著：「我記得以前也有一些家屬說要收我們禮儀師當乾兒子、乾女兒，或者介紹女朋友給我們，你不用想太多，就這麼和他們當好朋友吧！」

「是的，我懂了，宗賢哥。」聽了宗賢一番話，我總覺得能夠放下些什麼莫名的擔憂，這下才能好好入睡。明天，也是繼續努力幫助大家的一天吧！

9 解結

一名禮儀師，到底能爲往生者、往生者的家人做些什麼？除了承辦喪葬的各種事務外，是否還能爲他們做得更多、更好？在我踏進這個行業之前，我從來沒有想過這些事情；而也是在我踏入這個行業之後，我才理解到那些爲了往生者盡心盡力、爲了喪家四處奔波最辛苦的人，其實是這群跟他們沒有任何血緣關係，即使是大熱天仍穿著全套西裝或套裝的人。

明天就是陳爺爺的告別式了，下午我和宗賢特別跑一趟第一殯儀館景行廳，除了檢查廠商是否有按照我們給他的圖來施工之外，也要爲這個會場加上我們獨特的設計。

禮堂裡頭，花山都已經按照設計擺成了步步高陞的圖形，象徵著陳爺爺爬過一座一座的山登到了另一處地方；環繞整個會場的輓聯和大型照片見證了陳爺爺從過往到現在的變化與歲月，也見證了陳爺爺在社會上的地位。最前面主祭台上，陳爺爺的大照片掛在上頭，慈祥的笑容俯視著整個會場。

下午第一殯儀館還有些許熱鬧，其他還在舉行告別式的廳不時傳出哭嚎聲和念經聲，來來往往的黑衣人有老有少，在這片土地上送走了多少往生者。在跟管理員打過招呼後，我和宗賢各自搬了一個大紙箱進來，站在偌大的會場中央環視四周，檢查完廠商的施工之後互看一眼。看到四周各種輓聯和掛在外頭的花牌，我這才知道陳爺爺有許多學界的朋友，不管是來自台灣大學、政治大學、中山大學等，從南到北各大學幾乎都有人送輓聯來。

「雖然我知道陳爺爺是個老學者，可是想不到有這麼多人送輓聯來呢！」我看著四周的輓聯，突然想到上次和陳哥去參加的那名少年的喪禮。如果跟那名少年相比，陳爺爺也算是成功了嗎？

「接下來，就該輪到我們施展了，好好表現吧！忠翰。」宗賢說著，將紙箱打開，取出裡面的東西。看來不該發呆想事情了，趕快工作吧！

「是的，宗賢哥。」我也打開紙箱放在椅子上，這些東西就是宗賢哥說的祕密武器，能夠喚醒陳爺爺的孫子對爺爺的愛，讓他重新思考他與家人的情感。

箱子裡裝的是大大小小的紙卡，有七彩的、純白的、紫色的，也有綠色的，我和宗賢將原本的紙卡一一摺好與竿子組合在一起，一支支美麗的風車就展現在我們眼前。算算至少有五百個左右，我們摺了將近兩個小時才完成，在沒有冷氣的景行廳裡兩個人早已汗流浹背。

「不可以把袖子捲起來，我們出來就是代表公司，把西裝外套脫下來還可以接受，但袖子絕對不能捲起來。」看到我想把袖子捲起來散熱時，宗賢立刻出聲阻止。

「是，宗賢哥。」我搔搔頭表示歉意，接著將各種風車分門別類放好，點算數量，並將明天要發送給參加來賓的風車獨立出來收在箱子裡，再抬到後面倉庫收起來備用。

「數量都對了嗎？」點算風車又花了我們一個小時，太陽已經下山的殯儀館漸漸入夜，其他辦理告別式的人們也先後離開，只聽到其他廠商忙著拆除舊裝飾以便換上新裝飾，以因應明天早場的告別式之用。

「紫色一百支、純白一百支、綠色一百支，各種顏色都一百支，七彩有兩百支，是明天要用的，已經放在後面了。」我將數量報給宗賢哥。

「ＯＫ，那我們接下來開始裝飾吧！廠商應該已經幫我們都鑽好洞了，只要按照原本的設計圖將這些風車插到對的位置就好了。」宗賢哥拿起第一箱風車，先走到會場最前面的祭台與花山處，開始用風車點綴在花與花之間，漸漸地一片清爽的草原浮現出來。

我也抱起一箱風車加入宗賢哥的行列，兩人一起從祭台、花山，到廳內的兩側，按照設計圖的樣式一支一支插上去，五彩繽紛的大小風車襯托著整個會場，呈現出與以往告別式完全不同的美感。

我們一直工作到晚上八點才結束，看著已經煥然一新截然不同的會場，我和宗賢露出了滿意的笑容，相互拍打對方的肩膀。

「終於完成了。」我用衛生紙擦掉滿臉的汗，一旁的垃圾袋早已裝滿了擦汗的衛生紙。

「是啊！看起來比原設計圖好太多了，希望明天陳奶奶和其他來賓看到，也能認同我們的努力。」

「我想，他們一定能感受到。」花這麼多時間設計和準備，最後能呈現出這麼美好的樣貌，相信我們的努力不會白費的。

「ＯＫ，把東西收一收，我們回去吧！養足精神，明天把陳爺爺的告別式辦好。」宗賢發出熱血的宣言，我也大力點頭回應。於是我們做了最後的檢查，並把剛裝飾會場所遺留的垃圾都清理乾淨，鎖上景行廳的大門回公司去了。

我們特別繞去買了一些宵夜，回到公司時已經是晚上九點，裡頭已經沒有家屬在治喪或者弔祭，外頭的大燈也都熄了，只留下夜燈。今晚負責值班的是陳哥和阿偉，看到我們買宵夜回來，紛紛露出了愉快表情。阿偉上前接過宵夜放到辦公室內，陳哥則一副剛洗過澡的模樣從廁所走了出來，穿著比較輕鬆的服裝正準備去睡覺。

「今天辛苦啦！你們從下午就跑去布置會場弄到這麼晚啊？」阿偉邊吃雞排邊問。整間辦公室瀰漫著巷口那間雞排店的香味，九層塔的味道特別濃郁。

「是啊！我原本想說會弄得更晚，還好有忠翰的幫忙才能提早回來。」宗賢叉了一塊甜不辣，順手拿了一瓶綠茶喝。

「陳爺爺的大體我已經幫你推出來退冰了，明天早上你們就可以幫陳爺爺做洗穿化。」陳哥走進來說了一句，又拿著宵夜走了出去。

「對了，你們下午到晚上的工作怎麼樣？公司會很忙嗎？」

「其實也還好，最近幾場告別式都辦得差不多了，只剩下你那邊的陳爺爺、我這邊的謝爺爺，陳哥那邊好像也有一件。」阿偉掐指一算，接著又說：「這幾天我們從總公司承接下來的幾位往生者，似乎都沒什麼爭取到呢。」

「這也是沒辦法的啊！我看過那些記錄，似乎都有熟識的葬儀社在幫他們，實在很難說服家屬接受我們公司的服務。」宗賢也說。

「不過最近過世的人比較少，這也算是好事吧！」我發出了一句感嘆的話，接著拿起一包炸豆腐和米血的組合開始吃了起來。大夥都吃過宵夜之後，幫忙把桌面收拾乾淨，各自回家休息去了。

睡在難得回來的床上看著天花板，我在腦中描繪著明天可能遇到的狀況和現場的掌控，按照前輩們教過的東西複習了一陣子，才在不知不覺中進入了夢鄉。

隔天一早，趁著家屬們到公司治喪弔祭之前，我們先把打掃、拜飯等工作做完，接著在八點前先到冰櫃區幫陳爺爺的大體做洗穿化。陳爺爺的身體經過冰存之後，呈現出一種微微柔軟的灰色狀態，身上的皺紋彰顯著這具肉體經歷過的一生所留下的痕跡。

跟少年的身體不一樣，宗賢在處理陳爺爺的大體時特別小心，不論是翻動或者擦拭都格外注意，深怕一不小心就傷害了爺爺的身體。我們大概花了一個半小時才完成，最後爲爺爺換上之前宗賢介紹過的那套全新風衣式壽服。看著穿上壽服的陳爺爺，還眞讓人有種他將展翅高飛的錯覺呢！

「OK，這邊完成了，等會請陳奶奶和家屬們進來看過之後，就可以移靈到殯儀館準備舉行告別式了。」宗賢依序脫掉了防護裝備，一邊擦汗一邊說。

「那我先去準備移靈的車子，等會見吧！」我轉身推開冰櫃區大門，準備到辦公室拿車鑰匙。

「記得打電話提醒師父不要遲到喔！」宗賢的聲音從背後傳來。於是我跑過大廳回到辦公室拿了鑰匙，邊打電話和師父確認等會要來移靈，邊檢查要帶到殯儀館的東西，之後將車子開到公司前面停好。

當一切準備就緒之後，陳奶奶一家人差不多也到了。一進門就看到陳奶奶和媳婦、小孩一起出現，一行三人正在大廳與宗賢交談著。

「您好，這幾天又麻煩你們了。我爸爸的妝已經化好了嗎？」少婦換穿一襲黑色孝服，陳奶奶則比較焦急地想要看看她老伴的大體。宗賢領著他們先到冰櫃區看看陳爺爺化過妝的樣子，那名少年則依然不太開心的跟在後面，從頭到尾一言不發。

「哎呀！這就是我老伴的樣子啊！」陳奶奶看到爺爺的大體，正安詳地躺在冰櫃區的床上，等著法師來移靈。陳爺爺躺在床上的表情相當慈祥，像是照片中的那個和藹老學者再次出現在我們眼前。

我注意到那名少年看到爺爺大體時的表情似乎起了點變化，也許經過告別式之後，能夠讓他表現出眞正的情感——他對爺爺的情感。等了一會兒法師也到了，宗賢將事情交代完，就讓我跟著陳奶奶他們一塊坐車前往第一殯儀館，準備今天的告別式，他自己則騎著摩托車跟在後頭。

到了殯儀館景行廳，我和宗賢先將陳爺爺的大體送進祭台後面瞻仰遺容的位置放好，然後引導陳奶奶和家屬們先進行小殮儀式，完成之後，穿著風衣式壽服的陳爺爺在我們和家屬的合作下，緩緩放進了特別訂製的書本式棺木裡，一旁的插孔裡安放著一支支的風車。

「這……連這你們也放上風車了呀？」陳奶奶似乎有點驚訝，相當驚喜地問宗賢。宗賢則是微笑著點頭不發一語，並將視線投向了少年，希望能得到他的一點回應。

少年像是放下了什麼巨大壓力一般，伸出手撫摸著棺木的邊緣，感受著木頭回應給他的溫度。

「爺爺……」那是我們第一次聽到他呼喚著爺爺，雖然聲音很小很細微，但總算是好的開始。結束小殮儀式後，我們請家屬都到外頭休息用餐，等著下午即將舉行的家奠和公奠典禮。

「你剛有看到那名少年的表情了嗎？」吃便當時，宗賢特別問我。

「我想計畫應該算是成功了吧！他看起來放鬆了許多，也許他的心防已經沒那麼強硬了。其他來幫忙的禮生們差不多也到了嗎？」

「應該都到了，這次特別商請廠商多安排了十個禮生來幫忙，等一下他們都會到後台那邊就位，到時候就一個一個讓他們送出去吧！」宗賢看了看我之後，轉頭又開始嗑他的便當。

「對了，你家裡的事情怎麼樣了？你媽原諒你了嗎？」宗賢不知從哪裡打聽到這件事，突然在這時提起。

「嗯……大概就是那樣吧！我媽似乎還不太能接受，只能走一步算一步了。如果可以，我想盡快考到禮儀師的執照，在這個領域做出一番成績來給我媽看。」

「要好好加油啊！下班之後記得回去複習公司發的資料和一些考試科目，我想你應該沒什麼問題啦！畢竟你本來就有打算在這個行業繼續發展，學起來也算很容易就進入狀況。」宗賢吞下最後一口排骨，喝了一口茶，潤潤喉繼續說：「如果你的表現一直都能保持現在這個樣子，也許可以推薦你參加年底的晉級考試喔！」

「眞的嗎？」聽到這個好消息，我不禁高興得差點跳了起來。

「不要那麼大聲啦！這裡是殯儀館耶！」宗賢趕緊制止我說：「而且你還要先通過國家舉辦的丙級技術士考試，如果沒記錯的話，今年十一月有一場，記得要去報名喔！」

「是的，我會好好努力的。」

用過午餐，我們回到景行廳，先幫陳奶奶和所有親戚們換好孝服等待典禮開始，一直到下午一點左右，來賓們也陸續到來，從他們的簽名和有名片上的稱謂看來，都是學界有頭有臉的人物，前前後後來了將近一百多人。在收付處幫忙一陣子後，我也趕緊跑到景行廳裡備祭禮事宜。

「這個會場眞不錯耶！」「不知道是哪家公司幫他們做的，老陳眞有福氣。」「他那個媳婦還眞孝順，找了間不錯的公司辦喪禮啊！」經過座位時，我聽到了賓客們的閒聊，我還看到陳爺爺的孫子在會場內走來走去，繞著那些照片一張一張看著，看來這樣的會場布置已獲得了大家的認同。除了陳爺爺的各種生活照、和孫子的合照、和家人的合照外，相信那些隨著空調和風扇運轉的風車也能讓大家耳目一新。

「外面狀況怎麼樣？」宗賢問。他負責擔任今天的司儀，如今已換上了司儀專用的西裝外套和白手套，等會就要出去主持整場告別式了。後台也多了十名禮生，正互相檢視著服裝儀容。

「來賓的反應都很不錯，看來計畫相當成功呢！」

「陳奶奶他們呢？陳爺爺的孫子呢？」

「陳奶奶和媳婦都坐在位子上陪家屬聊天，陳爺爺的孫子則在會場裡看那些照片，我覺得他應該已經放開了吧！」

「好，等會再加把勁，我相信一定可以讓他開口說話的。」

「嗯！加油。」

我和宗賢分別從後台兩側走出來，準備宣布今天的告別式要展開了。我似乎在人群中看到了什麼熟悉的身影，但現在不是分心的時候。

「各位來賓，各位家屬您好！我們現在開始舉行陳子安先生的告別式，先舉行家奠禮的部分，請家屬代表、陳子安先生的長孫陳偉豪上前。」看著那名少年穿著孝服走到祭台前，我不禁有點鬆了一口氣。

「接下來，請服務人員爲我們送上爺爺給大家的禮物。」一聽到宗賢的聲音，我立刻率領其他禮生分從後台兩側走出來，人人手拿一支風車開始分送給每位來賓。當我親手將風車交給陳偉豪時，我完全能夠預料到他的表情，除了熟悉感之外還多了一些感動，漸漸地從他眼底浮現。

其他收到風車的家屬來賓們，也默默思考著陳子安先生送給大家風車的原因和意義。我也夾雜在禮生當中爲來賓們送上風車，沿著座位一排一排往後送，想不到當我快要走到禮廳最後面時，一個熟悉身影出現在座位中。

「媽，您怎麼在這裡？」想不到母親居然穿著黑色套裝坐在人群當中，親手接過了我爲她送上的風車。

「……」母親看到我也露出一臉驚訝的樣子，沉默了一會兒才說：「陳子安老師是你媽大學時的教授，媽和一些同學一起上來參加他的告別式，想不到會在這裡遇到你。」

「媽……我……我先工作，晚點等等我說個話好嗎？」

「快去工作吧！」母親露出了幾乎看不見的微笑，催促著我回到工作崗位上。四周都是母親的老同學，似乎對我在這裡工作也露出了懷疑的表情，但母親卻沒理會他們的意思，只是專心看著我離去。

當禮生們發送完風車之後，宗賢也繼續典禮的流程，環場音箱開始傳出陳爺爺那蒼老慈祥的聲音，螢幕上也播放著陳爺爺的身影，這是陳爺爺生前就錄好的影像，想不到陳爺爺還會玩自拍這種東西。

「各位來參加我告別式的親戚朋友們，還有我最愛的太太、孝順的媳婦和我的孫子啊！當你們聽到這段錄音時，我早已不在人世了。從以前開始教課的時候，我就常跟學生們說：人生就像風車，迎著風你就能不斷的運轉，也能不斷的前進。」陳爺爺的影片持續播放著，大家分享著他教書的教誨和經驗，這些話多半是送給他的學生和朋友們。

「除了以上這些讓我掛念的朋友們之外，還有一些話我想送給我最愛的孫子……」會場突然一片沉默，少年轉頭看著螢幕上爺爺的身影，驚訝地發現自己居然成為爺爺話題的主角。

「我最疼愛的孫子偉豪啊！這段話是特別錄來給你看的。我知道你一直埋怨我，恨我害死了你爸爸。其實，我何嘗不是這樣一直怪罪著自己，當天為什麼要跟你爸爸起衝突。但回頭想想，你爸爸也就是我的兒子，他過世了我也是非常傷心啊……」

「但人已經過世了，活下來的我們就必須堅強起來，你媽媽、你奶奶她們都還需要你照顧，現在我先走了，你可以負起責任、扛起這個家嗎？爺爺在最後就拜託你這件事情吧……」

聽完這段話，少年面對祭台突然跪了下來，雙手撐地不住顫抖著。一旁的母親和奶奶也都相當驚訝他的舉動，平常一直裝作不在乎的孫子居然有這麼大的反應。

「陳先生……」我上前欲扶起那名少年，但他推開我的手不斷磕著頭，會場裡迴繞著砰砰撞擊聲。

「爺爺……對不起啊……我真的……不希望您離開啊……爺爺……」四周迴盪著少年令人鼻酸的哭喊聲，讓許多人不禁都垂下淚來。想不到這名少年之前一直偽裝自己，表現出一副堅強不在乎的樣子；不過最讓我驚訝，還是這名陳爺爺居然錄了這段VCR給他的孫子，即使過世之後也不忘提醒他的孫子人生的道理，眞是一位令人敬愛的好爺爺。

播放完陳爺爺的VCR後，家奠儀式繼續進行，少年收拾好情緒站了起來，按照宗賢的指揮進行各種禮儀。宗賢的聲音溫馨有致，精準地掌控著典禮的時間，所有來賓家屬都像是舞台上的演員，在導演的引導下盡情參與這場喪禮。

公奠時，母親也隨著她的同學們前面來弔祭陳爺爺，除了各大學的教授之外，出版社、報社、政界也都有人來弔祭，整個會場冠蓋雲集。當儀式差不多都結束時，我們引導所有親人到後方進行封棺和發引儀式，準備將陳爺爺送往火葬場進行火化。

由身為長孫的少年親自為陳爺爺拉開風衣後方的一雙翅膀，並由陳奶奶和媳婦兩人將翅膀覆蓋在陳爺爺身上，蓋上棺蓋之後，法師將釘子交給少年，由他負責為爺爺釘上棺木。

整場告別式一直進行到下午四點多才結束。

「謝謝你們，謝謝你們……我老伴一定會很開心的，能遇到你們兩位，眞是太好了……」臨走前，陳奶奶不斷握著我們的手說著，眼角不斷垂著淚光。一旁的媳婦也不停行禮感謝著我們，那名少年一反常態地過來跟我們攀談，與之前冷漠的狀況完全不同。

看到陳奶奶那樣的表情，我知道我堅持留下來是對的，這就是我想要看到的表情，我希望做到的事情。

送走陳爺爺的遺體和等家屬們上車之後，他們準備發引前往火葬場進行火化，然後晉塔，我和宗賢站在殯儀館門口一直揮手送他們離開，直到他們的車消失在街角，我們才轉身回殯儀館整理收拾。

「今天的表現不錯喔！還滿沉穩的嘛！」宗賢拍拍我的肩膀，一同走向景行廳的大門。這時，我看到母親正站在廳外的樹下和一群老同學聊天，似乎很高興能看到這麼多朋友同學，看來大夥聊得相當開心。

「其實看到陳爺爺的孫子那樣的反應我也很感動，一時之間還眞的嚇了一跳。想不到眞的能夠化解他對爺爺的心結，這樣眞是太好了。」

「當初我看到陳爺爺的錄影檔案時我也嚇了一跳，想不到這位老學者居然會用這麼先進的方式與大家道別。」

「是啊，是啊！能這樣跟大家說再見眞的很不一樣……」母親似乎發現了我和宗賢正走進景行廳，乃揮別了同學朋友朝我這邊走來。

「媽……」我站在景行廳入口，一臉尷尬地看著母親。一旁的蓮花水盆裡放著淨符和淨水，觀世音菩薩的畫像高高豎在上頭，這盆水是給所有來賓作爲去穢之用。

「忙完啦？……」母親似乎欲言又止，站在門口打量著我的穿著。「你穿這西裝看起來挺稱頭的啊！也是個青年人的樣子了，媽都忘了你已經長大成人，還一直把你當成小孩子呢……」說到這母親突然有點結巴，深呼吸了一下，接著又說：「你那天跑掉之後，媽其實也想了很多，原來自己就像是那種雜誌上說的直升機父母，一直想要控制你的一舉一動……媽知道自己有些不對，你可以原諒媽嗎？」母親越說越哽咽，居然就在我面前落下淚來。

「媽，您別這麼說，我一直很感謝媽將我栽培到這麼大，眞的很感謝您……」我趕緊伸出手扶住母親的肩膀，想不到一向強勢的母親居然會有這麼大的反應，讓我一時之間不知道該如何是好，只能在一旁等待著。

母親與父親結婚將近三十五年，由於父親經商的關係，必須兩岸三地來回奔波，因此從小到大，我幾乎都是跟著母親生活，那時母親和姊姊還會笑我是媽媽的跟屁蟲。還記得小六以前，我的身高都比母親還要矮，直到國中才抽高，看母親的角度從仰視變成俯視之後，似乎也有什麼事情不太一樣了。

爸爸長年不在台灣，我也能成爲讓母親驕傲的肩膀嗎？

「……」母親終於平復了情緒，以平常的聲調說：「今天你們這場告別式辦得很好，老師要是地下有知，一定很高興，媽也很欣慰你能跟了一位很不錯的上司，以後你也要好好工作，不要在外面給媽丟臉了，知道嗎？」

「媽，您的意思是……」現在我可以繼續待在公司，媽也認可我的這份工作了嗎？

「知道意思就好，不要每次都要媽說出來，你這麼聰明會自己想，媽對你很放心了。」母親拍拍我的肩膀笑著說。那樣的溫暖是我從小看到大的，每當我做了什麼讓母親高興的事，我都會看到這樣的笑容。

「媽等一下會跟老同學出去喝個茶聚一聚，你工作結束後打給媽，媽要去你住的地方看一看，反正你姊今天請假沒去上班，小孩子你姊會帶。」

「是，媽。」我和母親擁抱了一陣子才分開各忙各的事去了。如果今天可以早點結束，不知可不可以陪媽到她之前的大學四周走走，回味一下她的大學時光，也吃些那兒的美食。

回到景行廳，我趕緊幫忙整理喪禮後的會場，將用完的風車一一拆下收好，順手也摘了一支要帶回去做紀念。

「跟你媽媽的事情還好嗎？」宗賢邊工作邊問著。

「已經好轉許多，我媽也能認可我在這個行業裡工作，眞是太好了。」典禮時幫忙的禮生已經回去，廠商則將小貨車停在門口，準備開始拆除室內的裝飾。

「這樣啊！那眞是太好了，能得到你母親的支持，看來日後你在這裡工作就無後顧之憂了。」

「是啊！對了，宗賢哥，今天晚上我值夜班對嗎？」

「是啊！今天你跟我一起值夜班，該輪到阿偉和陳哥回去休息了。」

「晚上我能不能請個假，我想陪我媽吃個飯回去公司值夜？」我試探性地問了一下，難得母親上來台北，希望能跟媽吃頓晚餐。

「嗯……今天晚上嗎？我想應該是可以的，等會回去你跟陳哥說一下，請他多留一會。難得媽媽上來，讓你和媽媽吃個飯，我想也是很ＯＫ的啊！記得跟陳哥說一下。」宗賢想了一下，然後用開朗的表情回答我。

「謝謝宗賢哥。」於是我倆加快了收拾的速度，將風車一一拆下來還原成紙板和木棍，然後收進箱子裡。按照宗賢的計畫，這些風車會被送到育幼院當作禮物匿名送給他們，用來裝飾或是作爲孩童們的玩具，都是不錯的選擇。

花了將近一個鐘頭才把會場整理好，分別駕車騎車回公司。那時已經接近下午五點，我打了電話和母親約好用餐的地方，除了靠近母親學校之外，我還特別打電話過去訂位，希望可以給母親一個美好的回憶。

下班時間的台北有著可怕的交通動亂，尤其是母親的母校附近又特別塞車，因此我比預計的時間晚了一些，好不容易找到車位停好車，我就接到母親的電話。

「喂！媽，我停好車了，馬上過去，再等我一下。」掛了電話我拔腿就跑，入夜的公館滿是逛街人潮，人擠人的，幾乎讓我寸步難行，雖然離相約的餐廳才不過兩個路口，卻讓我走了將近十分鐘才抵達。

餐廳是公館一間滿有名的義大利麵店，如果沒有預先訂位，也許要排隊半小時以上，我剛抵達，就發現外頭已有超過二十個人在排隊，母親正站在劃位店員旁等待著。

「媽，不好意思，塞車……塞車，呼……呼！」我站在母親身旁喘著氣，等到呼吸平順了，趕緊向店員確認我的訂位。

「張先生，兩位是嗎？這邊請。」店員把我們帶到二樓一個靠窗位置，正好可以看到母親學校大門口的風景，是個相當不錯的位置。

「媽，這個位置怎麼樣？剛好可以看到您的學校呢！」我接過菜單幫媽攤放在桌前，順手拿起水來喝，解了我剛跑過來的口渴感。

「這個位置不錯，媽也好久沒回去學校走走了，今天下午和那些老同學在學校裡散步、拍照，想不到大夥其實和大學時代沒什麼兩樣，只是老了些，成熟了些，也賺了些錢……」母親細數著她的大學同學，有些曾來過家裡看過我們，有些則從來沒有看過也沒有聽過。

「還記得大學的時候，你媽我常跟同學們翹課出來吃冰，不知那家冰店還在不在？」

「媽，您說的是側門那間嗎？當然還在啊！生意很好呢！」我們閒聊了一陣，話題圍繞在母親大學時的點滴和生活，直到餐點送上來了才停止。

我點的是肉丸子義大利麵，母親則是青醬蛤蠣義大利麵，都是套餐，還附贈一杯飲料及飯後甜點，價格相當划算。

「你的工作內容都做些什麼？跟媽說一下吧！」母親態度轉變之後，還主動詢問我工作的內容，讓我倍感開心。因此我從早上的打掃、拜飯、與家屬治喪、準備告別式，到晚上的拜飯、整理、值夜，以及接體、豎靈、洗穿化等事情都跟媽說了，我們邊吃邊聊，直到晚上九點多才離開。

「媽，晚上我還要回去值夜班，您確定要搭夜車回去嗎？」臨走前，母親站在我的摩托車旁看著我戴上安全帽。

「本來要去你租房子的地方看看的，但你大姊說她明天沒辦法請假，媽還是早點回去好了。」母親拍拍我的頭，隔著安全帽雖然感受不到母親手心的溫度，但小時候那種感覺依然存在。

「不用擔心，媽從這裡搭捷運到火車站再搭高鐵回去，你大姊會來車站載我。」母親笑著跟我說再見，還催促著我趕快回去公司，不要給別人添麻煩了。

「媽，那我走了，您自己小心，到家打個電話給我。」揮別了母親，我騎車返回租屋處，收拾好東西就趕緊回公司，讓陳哥久等了，真是不好意思。不過，能讓母親從反對轉而支持我的工作，真是太好了。

今後，我一定會更努力的，要讓媽看到我做出更多更好的成績。

10 生前告別

「阿翰、阿翰、阿翰……」宗賢的聲音從耳際轟炸而出，像是一道悶雷竄進我腦中，我這才從莫名的昏睡中醒了過來，雙眼發直地轉頭看他。

「我……？我睡著了嗎？」自從母親回去之後，公司的事情突然等比級數的爆增，一連接了三夜的院外接體，讓連續値夜班的我早已體力透支，眞猜不透陳哥、阿偉他們的體力哪裡來的，今天還能這麼有活力的在外面走來走去。

「怎麼啦？這幾天的接體就把你操掛了嗎？」宗賢將一瓶飲料冰在我臉上，沁涼的感覺立刻讓我精神一振，瞌睡蟲全都嚇跑了，我趕緊揉揉眼睛站了起來：「是，抱歉！可能體力沒有調整好，我會注意的。」

「自己要多注意啊！飲料喝一喝出去幫忙吧！等會有空的時候幫我點一下倉庫的貨，看看有沒有什麼東西需要補的。」

「是，我馬上去。」

結束外面的工作後，我一個人留在倉庫整理貨品，外頭則交由阿偉和陳哥處理。宗賢似乎有什麼行政工作要忙，因此一直留在辦公室寫公文或者處理檔案。

時間是下午五點鐘，終於結束了大部分工作，晚上的拜飯也已經做完。趁著公司沒有家屬需要服務，我負責到附近的便當店買晚餐回來，解決了大家的用餐問題後，阿偉和陳哥也回去休息了，今晚負責値夜的是我和宗賢。

晚上洗過澡，我和宗賢分別躺在床上閒聊著，正巧聊到關於追思光碟的話題。宗賢也為我解釋了一下公司製作追思光碟的流程：「通常我們會先跟家屬蒐集往生者的資料，像是照片、年表、興趣和喜好這些，雙方討論好設計的方向後，再將這些資料送去製作小組，由他們進行最後的完工和燒錄。當然，這個追思光碟也可以由禮儀師來做，像陳爺爺那片就是我們一起做的不是嗎？」

「是啊！陳爺爺的光碟眞的很感人呢！那這些光碟都會送給家屬吧？」

「當然會，這是很重要的回憶呢！」宗賢一個翻身，打了個大呵欠，繼續說：「如果是在我們公司的禮堂舉辦告別式，公司都會把整場告別式錄影起來，再製作一份紀念光碟送給家屬。」

「原來如此。這樣的話也能看到告別式中讓人感動的部分了，不知道陳小弟看到自己跪在地上哭喊的時候，會是什麼樣的表情呢？」我在黑暗中露出了微笑，自從那天陳小弟在爺爺喪禮上崩潰哭泣之後，他和奶奶還有媽媽的感情就好轉了許多，還約了我和宗賢一起去附近的餐廳吃飯。

陳小弟也一掃之前不成熟的模樣，搖身一變，成為一個懂得照顧媽媽和奶奶的好孩子，聽說已經開始在附近的超商打工體驗人生，為日後累積一些工作經驗。

過了幾天忙碌的生活，總算是將一些還算紛亂的事情處理到一個程度，新接洽的事主們有的讓各自承辦的公司接走了大體，或者將往生者的喪禮交付給我們來承辦，一時之間，公司的業績也還算過得去，宗賢似乎也能跟上級交代了。

「阿翰，你今天有騎摩托車來嗎？」一天，做完打掃和拜飯工作之後的早晨，我剛結束一段工作回到辦公室，宗賢剛好站在辦公桌旁一堆箱子邊，從箱子上頭的標記看來，應該是逢年過節時致贈的禮物之類的。

「啊，沒有吔！我一直都是騎腳踏車來上班的。」由於公司到租屋處實在是太近了，因此一直都是騎著那輛從家裡帶上來的腳踏車上下班，不過最近我有買新腳踏車的構想，畢竟那輛車已經用了快五年多，也算是有些老舊了。

「這樣啊……不然騎我的摩托車去好了，我想拜託你去個地方幫我送些東西。」宗賢給了我一張寫著地址畫著地圖的A4紙和上頭的一支電話：「找不到就打這支電話，會有人去接你。」然後將一只看起來像是肉品禮盒組的箱子交給我。

「送完之後，幫我們買便當回來，我記得忠孝東路那邊有家不錯的漢堡，今天大家換換口味吃點別的吧！」接著宗賢又把車鑰匙和錢塞給我，要我早去早回並囑我路上小心。

稍微研究了一下地址和地圖，我將A4紙收在口袋裡，發動摩托車騎上斜坡準備出發。轉進光復北路之後一路往南，穿過忠孝、仁愛、信義之後，停在和平東路做兩段式左轉，到了捷運麟光站，我再次掏出地圖來確認，之後又騎了將近十來分鐘才抵達目的地。

一處隱身在巷子裡的民房，入口處還停了一輛特別的乳白色麵包車。我在附近找好停車位，搬著箱子走到門邊按門鈴，等了一陣子才有人回應。

「喂！您好，請問找誰？」

「我是大山單位的張忠翰，宗賢哥要我送東西過來。」

「你等一下，我幫你開門。」嗶的一聲，電子門鎖鬆了開來，一位年輕女子幫我把門拉開，立刻感受到一股涼爽的氣溫。女子穿著像是改良式的旗袍，長到手肘的袖子和典雅的配色，給人脫俗的感覺，下半身除了裙襬之外還有一條長褲，頭髮整齊地綁在後頭。

「進來坐一下再走吧！騎車過來辛苦了。」女子帶著我走進室內，左手邊隔著玻璃似乎是辦公室，裡頭有三個人正在打電腦收信件；繼續往內走，則可以看到一處放著長桌和數張椅子的休息室，兩名女子正坐在椅子上邊打電腦喝飲料邊閒聊著，看到我們走進來才站了起來，走過來看我手上的東西。

「先放這裡吧！這是宗賢哥派來送東西的新人。是叫忠翰對吧？」女子將東西接過去放在桌上，分別介紹給我們幾位認識，原來這裡就是禮體淨身小組的辦公室和值班宿舍，平常沒出勤的組員們都留在這裡，以便有案子時可以隨時待命。

「您好，我是嘉文，叫我蚊子就可以了。」分別和她們握手認識了一下才知道，帶我進來的女子小琪是這裡的主管，玩電腦的則是蚊子和小倩，這裡的員工總共有十幾個人，今天有案子出去了兩組，因此才留她們幾個在宿舍裡待命。

「葳葳在裡頭睡覺，小聲點，別吵醒了她。」小琪提醒道。接著打開我送來的箱子，將裡頭的禮盒一一取出清點了一下。

「你就是宗賢哥提到的那個新人嗎？似乎表現還不錯，我常聽他提到你呢！」小倩拉著我在一旁坐下，似乎對我很有興趣，不斷追問我為什麼要選這個工作、加入之後是否能適應、工作到現在有什麼有趣的事情之類的，害我一度以爲自己正被新聞記者採訪呢。

「小倩是宗賢的堂妹，其實是他介紹小倩進來這裡工作的。」蚊子在一旁說道，隨手將她們原本在看的網頁關了起來。

「根本就是個好奇寶寶，才進來不到半年，什麼都想問，什麼都想知道，眞的快被她煩死了。」小琪笑著端來一盤水果分給大家，一面調侃著小倩。

跟她們閒聊了一陣之後，我才在小倩的熱烈歡送下離開，又騎著車趕緊去買午餐。宗賢說的那家漢堡店果然不同凡響，雖然藏身在忠孝東路巷子裡，但還沒到十二點，就已經有排隊的人潮，我排了十分鐘又等了五分多鐘後，才拿到所有的餐點，連忙騎車趕回公司。

用餐時，陳哥和阿偉都對這家漢堡讚不絕口，我則趁吃飯的空檔問了宗賢關於小倩的事，這麼熱情的女孩我還是第一次遇到。

「你說小倩啊？她是我二叔的女兒，高職的時候學的是美髮美容，畢業後本來在理髮廳、髮廊當設計師，後來不知道爲什麼想要轉換跑道，聽她說設計師們都鉤心鬥角，讓她很煩什麼的。」

「轉換跑道轉成禮體淨身SPA也蠻厲害的呢！」一般的認知是女生比較膽小吧！現

在居然要親自碰觸大體，眞的相當勇敢。

「今年過年回家吃團圓飯時她跑來問我，說什麼要找新工作，我也覺得奇怪，不是在髮廊做得好好的嗎？後來聽她說了一下理由，我才想說那也沒差，反正我也認識禮體淨身小組的人，就幫她問了。」宗賢塞了一口薯條在嘴裡，呑下去之後說：「本來也沒想說她可以做這麼久，畢竟和之前的工作模式差很多，想不到還能做到現在，看起來也還不錯。」

「家裡人沒有反對嗎？」

「家裡人因爲有我這個先例，因此對其他孩子投入這個行業沒什麼反對，反而可以互相照應也算是不錯啦，至今我們家族十幾個孩子，有六、七個都在相關行業裡呢！」

「這樣說起來的確滿不錯的，你們一家人也可以互相照顧。」算起來殯葬相關產業的確相當大，除了第一線的生命禮儀之外，還有棺木製作廠商、祭品廠商、骨灰罐廠商、塔位墓地經銷等也都是。

「對了，今天晚上有一名公司主管說要舉辦生前告別，你有興趣嗎？」宗賢從資料堆中抽出一張邀請卡，上頭除了公司的商標之外，還印有一些輕鬆可愛的圖案，下頭寫了時間和地址。

「生前告別？」第一次聽到這個名詞讓我有點疑問。

「最近公司的健康檢查報告出來了，有幾名主管可能工作太操勞，再加上年事已高，數字都不太好看。所以有位主管決定要辦個生前告別，趁身體還比較健康的時候，和大家好好聚個餐吃個飯，開個派對回味一下自己的人生，順便也讓大家聚聚聊聊天。」

「原來是這樣啊！算是滿新潮的觀念呢！」

「是啊！不過推出之後接受度還沒有很高，可能大家都不喜歡這種讓別人提前爲你擔心的感覺吧！」宗賢將邀請卡放了回去，然後笑著說：「你OK的話，晚上八點在公司門口等我，我們兩個一起去吧！」

「好的，我知道了。」果然今天是阿偉和陳哥值夜班，也許晚上結束後，再買個宵夜回來給他們吃好了。

下班後，我先回家洗澡，換了衣服，雖然只是換上另外一套比較輕鬆的上衣、牛仔褲和西裝外套，但總比穿著上班制服輕鬆許多。晚上八點，我準時在公司門口等到了宗賢，兩人一起騎車前往主管的生前告別會場。

會場選在民生東路上一間滿有名的飯店內，停好摩托車後，我們一塊走進去，很快便找到了會場。會場內以該名主管的各種照片大圖輸出做裝飾，還列了一張主管的人生年表貼在入口處，讓參加的每個人都能回憶著他的一生。

雖然已經有點年紀了，但這場生前告別的主角依然很有精神地四處和大家敬酒聊天，除了現場的裝飾有點像公司客製化喪禮之外，會場周邊也設有自助餐和飲料吧台，還有專人爲你服務，其實就像是一場雞尾酒會那樣輕鬆。

宗賢帶著我四處和大家介紹、交換名片，認識一下來參加的人，出席者幾乎都是公司各單位禮儀師級以上的人物，不然就是各部門主管、組長等階級。當然也有一部分是該名主管的親戚朋友，也許比較不習慣吧！在同個會場裡看到這麼多殯葬從業人員，主管的親戚朋友們自成一群，站在會場角落聊天吃東西，比較沒有與其他人對話。

吃過東西四處晃了一下，時間也差不多九點了，主管站上舞台前方，宣布今晚的重頭戲即將開始，來賓們也慢慢往前集中，準備欣賞主管所安排的短劇和表演節目。

首先登場的，是由主角的親戚小孩所帶來的歌唱節目，幾個小朋友帶著童稚的嗓音上台唱歌，別有一番童趣，雖然演出過程中有些凸槌忘詞，但小朋友們的勇氣也獲得大家熱烈的掌聲。

接著是由主角常去演講任教的學校所推舉的演劇社團，幾名大學生粉墨登場爲大家表演一齣短劇。也許他們是自行創作的改編劇本，我看到馬克白、哈姆雷特、奧賽羅和羅密歐在現實世界的布景中跑來跑去，倒也創造了不少新奇效果。

前兩個表演節目結束後，主角從旁邊走了上來，拿著麥克風開始緩緩地說：「很感謝大家今天來參加我的生前告別式，其實能夠活到這個歲數，我已經很滿足了，今晚還能看到這麼多人出席，我實在是很欣慰……」主角邊說邊回憶自己的一生，從小時候經歷了日據時期、光復時期、經濟起飛，到他加入公司，跟著董事長一起打拚、改革殯葬業，到現在接受新的科技、學習新的電腦知識，並掌管了追思光碟的製作部門，每一段人生都令他非常回味……

「掌管追思光碟製作部門之後，我與工作同仁經歷了許多不同的故事，有賣豆花的、開餐廳的、上市公司大老闆，或者演藝人員，每個人都有不同的精采人生與醍醐味，讓我更加深刻地體會到：每個人的一生都像是一本精裝書，能在裡面寫下什麼樣的故事、創造什麼樣的冒險，都是自己的選擇，當我們這本書將要停筆的時候，你希望讓大家讀到什麼樣的結局？」主角停下片刻，環視著四周，所有人因爲主角一番言詞而陷入沉思之中。

「不要讓這本書有太多的空白，我希望……我希望……每個人都能有一段豐富且充滿冒險的故事，謝謝……」說著說著主角竟落下淚來，幾名親戚紛紛上台安慰他，而布幕也在此時緩緩降下。

我發出一聲感嘆，一口將手中的酒飲盡。

「走吧！時候不早了，該回去休息了，明天還要早起上班呢！」宗賢拍拍我的肩膀，等他和一些比較熟識的人打過招呼後，兩個人也就提早離開了。

我請宗賢將我放在民生東路光復路口，準備到附近走走讓酒氣散去，於是沿著民生東路一路往東，接著轉入民生公園旁的巷子繼續前進，準備一路走到三民路，那裡有家不錯的燒烤小吃店，可以買些燒烤回去給陳哥他們當宵夜。

不過時間這麼晚了，不知道陳哥他們是不是還在值夜或者都睡了呢？

雖然已經是晚上十一點多，經過公園時，還是能看到許多運動的人潮，有一群混混聚集在公園涼亭喝酒喧鬧，不斷發出嘈雜的叫囂聲和嬉鬧聲，不知道四周的住戶們怎麼能忍受這種嘈雜。此時，我看到一個熟悉的身影提著一袋東西走在前頭，和我朝同個方向走去。

原來是家玲小姐，她也出來買宵夜嗎？

想著想著，我看到兩名混混走出涼亭，似乎也發現家玲小姐了，竟然擋在她的面前，先是聽到家玲小姐的拒絕聲，進而傳出混混們言語上的挑釁，還伸手拉扯著家玲小姐那一袋東西，其中一名混混甚至抓住了她的手，扯得那一袋東西四散飛灑。家玲小姐的尖叫聲迴盪在公園內，四周運動的人們卻都別過頭去，不敢多看一眼，深怕下一個遭殃的就是自己。

「不要動，放開她！」我也不知道哪來的勇氣，將原本掛在手臂的西裝外套隨手一甩就往前跑，直接朝著那名混混撞了上去。一旁還待在涼亭裡的混混們本來都在飲酒作樂，看我撞倒了他們的朋友，也紛紛跑了出來，作勢要抓住我。

「快跑！」趁著撞倒一名混混、另一個還沒從驚嚇中回過神來的空隙，我拉著家玲小姐的手就往民生東路跑去，如果跑到大馬路上人潮較多的地方，他們應該不敢追過來吧？

於是我們兩個先穿過停車場旁的小巷子，邊跑還邊聽到後面不斷傳來叫囂聲，接著右轉民生東路，幾乎可以感覺得到我的心臟正要從嘴巴跳出來，不斷交替著雙腳繼續狂奔，一直跑到三民路圓環那家連鎖速食店門口才停了下來，兩個人背靠著背，緩緩跌坐在地上，不停地喘著氣。

「沒……沒……沒事吧？」我接連喘著氣勉強詢問著，過了許久才平復呼吸。我先扶著家玲小姐站起來，不時還朝四周望望，確認那群混混是否有追上來。

「手有點扭到，不過……沒有大礙。」家玲小姐揉著左手腕，表情看起來相當難受。

「是剛剛被我拉著跑的關係嗎？眞是抱歉……」我一臉歉意地看著她，此時才注意到她的一頭長髮凌亂不堪，應該是因爲剛剛一路狂奔的關係吧。

「不……不……沒有這回事，我還得感謝你出手相救，不然一定很麻煩。」家玲小姐連忙否認。

「不過，能沒事眞是太好了，如果被那群混混糾纏上的話，不知還會發生什麼事呢！」

「是啊！不過這麼晚了，忠翰先生怎麼會剛好出現在那裡呢？」

「我和宗賢去參加公司的聚會，回來時想要散散步，放鬆一下……」我將參加主管生前告別的事說了個大概，兩人稍微聊了一下。

「時間也不早了，不如我陪妳一起走回去吧！」看了看錶已經快十一點半了，要是放任家玲小姐一個人走回去，還眞是讓人擔心，於是我自告奮勇陪她走回家，雖然從這裡到她家只是一小段路，但這一點點相處時光還是讓我相當開心。

我們一邊聊著她最近功課準備的狀況一邊散步，很快地來到她家門口，跟她道別之後，我才轉身踏上回家的路，看來沒辦法買宵夜給陳哥和阿偉了，還是早點回家休息吧！

11 最後的容顏

事件之後的幾天，廖開慧老爺爺的喪禮也近在眼前，我和阿偉再次與廖先生確定舉行禮體淨身SPA的地點和時間，同時也與禮體淨身SPA小組那邊進行二次確認。

「我女兒一直說，那天你很英勇地幫了她，我眞是太感謝你了，像你這樣的年輕人已經不多了呢！下次我一定要請你吃個飯，好好感謝你一下……」大智先生在我和他通話時，一直滔滔不絕地說著，讓我有點不好意思地直說謝謝、您過獎了之類的話。

聽到那段遭遇的宗賢和阿偉也不斷虧我，說這根本就是偶像劇的劇情，家玲小姐是我的眞命天女之類的話。陳哥則是一如往常地專心工作，盡心盡力爲家屬服務，如今大家各自忙著手頭上的案例，只有還未升成禮儀師的我繼續擔任助手的工作。

幾天之後，我與阿偉一起在公司等待著廖先生一家人與親戚們，大約是早上十點左右，禮體淨身SPA小組的人就已經抵達公司，每個人都穿著標準的制服並化了淡妝，她們在陳哥的安排下準備進行禮體淨身SPA的工具和床。這次前來幫廖爺爺進行SPA的，正巧是主管小琪和小倩，以及那天並未見到的葳葳小姐。只見小琪一來，就很熟門熟路地和大家打招呼，小倩則是飛快地窩到她堂哥的身邊，訴說著工作上的事情。

那天未見到的葳葳小姐自我介紹後，便提著工具箱自行走到進行SPA的房間裡做準備去了。

「葳葳在工作時比較不喜歡說話，這是她工作的原則之一。」小琪如此說著。由於昨天已將廖開慧老爺爺的大體進行了退冰，因此我和阿偉陪同她們一起到冰存區確認大體退冰的狀況。

廖爺爺的身體經過多日冰存之後，於昨天晚上取出來退冰，到了今天早上，身上還覆蓋著一層薄薄的水霧。

「爺爺的身體看起來保養得不錯，沒有什麼明顯的手術痕跡，不過僵硬的程度似乎有點過頭，等會進行SPA時要特別按摩一下關節的地方。」小琪輕輕觸摸著廖爺爺的大體，一邊提醒在一旁做筆記的小倩。

檢視了一陣子，小琪帶著小倩先行離開，我們則將廖爺爺上頭的布罩蓋回去，等家屬們都到齊後，才會將爺爺的大體推至SPA的場地。

上午十點五十幾分，廖先生帶著妻子和女兒一同到來，一見到我，就跑來握住我的手說：「又見面了，張先生，我女兒的事眞是謝謝你了。」一旁的家玲小姐紅著臉低頭不語，廖太太則站在一旁摟著她的肩膀。

「廖先生，爺爺的SPA已經準備好了，其他親戚都在路上了嗎？」阿偉也親自上前迎接。

「應該快到了吧！昨天我都特別打電話提醒過了……喔！說人人到，他們都來了呢！」說著說著，其他親戚也都從斜坡上走了下來，大家都帶著肅穆的表情走進公司，感受到公司裡清涼的空調時，許多人都露出了放鬆的神情。

「各位廖爺爺的親戚們，大家好，請往這邊走，我們可以準備來幫爺爺舉辦禮體淨身SPA了。」阿偉和我在前頭帶路，領著大家走到助念室前。爲了今天的禮體淨身SPA，我們將兩間助念室中的隔板收起來，希望提供更寬敞的空間給大家使用。

引導他們進入房間並安排好座位後，我和阿偉將廖爺爺的大體從冰存區推出來，依靠著禮體淨身床放著。接著我和阿偉在房間找了個位子坐下，靜靜在旁邊看著儀式的進行。

「廖先生、各位廖家親戚們，您們好！我是禮體淨身SPA小組的李維琪，這是我的同事吳曉倩和陳葳葳，今天將會爲爺爺服務。我們的淨身流程是這樣的：首先我們會帶領各位進行乞水儀式，乞求水神賜予我們最乾淨的水用來擦拭廖爺爺；待乞水儀式結束後，我們會先將爺爺身上的舊衣服卸除，同時蓋上大浴巾，再將爺爺的身體移到專門的洗身槽，並為爺爺進行消化道引流的工作。這裡我們請大家放心，在所有的SPA過程中，爺爺的大體都會包裹在乾淨的浴巾中，絕不會裸露出來。」

小琪吞了一口口水，繼續說：「接著我們會以溫水濕潤爺爺的大體和頭髮，我們三位分別負責清洗爺爺的頭、軀幹與下肢，全程採用公司精心挑選的各種沐浴用品，還希望家屬們能參與，也為爺爺擦拭臉部或背部，畢竟從小到大，我們都難有機會幫父母洗澡。」

我在一旁聽著，同時也觀察在場的所有人，大家似乎都陷入沉思之中，回想著從小到大，父母在自己身後把屎把尿，照顧著我們，即使能自力更生了，也仍放心不下，而這一生中，我們又有多少照顧父母的機會和表現呢？

「當清洗並把爺爺的身體擦乾之後，我們會分別用特別挑選的精油幫爺爺做全身按摩，除了可以軟化關節，還能滋潤皮膚，等會幫爺爺化妝時可以有更好的效果。」

「接著是修容、擦拭身體。此時我們會邀請各位家屬拿乾淨的毛巾幫爺爺擦臉，以示淨身全部完成。之後將爺爺的身體移到乾淨的大浴巾上，穿上壽衣並修剪指甲，最後再進行化妝，這樣整個禮體淨身SPA的流程就結束了。」

「請問有什麼步驟或覺得哪裡需要改善的嗎？」小琪最後問了一句。家屬們你看我我看你，不知道還能提什麼建議，因此都默默點頭同意進行。

「那麼我們現在就開始廖爺爺的禮體淨身儀式。首先進行乞水儀式，請大家跟著我來。」小琪率領著小倩和葳葳走在前面，家屬跟在我們後面，來到了洗手間外的洗身槽，每人接過一支我爲大家點燃的香排排站好。小琪向水龍頭敬禮說：「水公婆、水公伯，請您賜給我們乾淨的水來爲廖開慧先生進行禮體淨身SPA，如果可以的話，請給我一個聖筊。」

小琪遞給家屬兩個五十元銅板代替杯筊，在取得聖筊之後，我們回到SPA的場所，待家屬一一就位，三位禮體淨身SPA小組成員分別站在爺爺的頭、身、大腿旁準備，先一鞠躬後，以輕柔的動作抬起爺爺的身體，一邊用沖洗的專用布料將身體包裹起來，同時用剪刀將爺爺身上的舊衣服脫掉，直到身上只剩下白布爲止，接著三人合力抬起爺爺，將之轉放在洗身台上。

我們幫忙先將接體車送出門外，三人改以跪姿跪在爺爺身旁，再深深一鞠躬後，開始禮體淨身SPA，同時也響起了輕柔的音樂聲。

「廖先生，請您先來確定一下這個水溫適不適合爺爺。」小琪跪在爺爺頭旁，將調整好水溫的水龍頭讓廖先生試一下，等他同意之後，才正式開始爲爺爺清洗身體。

「爺爺，我們現在要幫你沖濕了喔！」小琪和小倩、葳葳分工合作，先以水龍頭幫爺爺沖濕全身和頭髮，接著分別使用洗髮精和沐浴乳清洗爺爺的頭髮和身軀，每清洗到一個部分或新的動作時，她們都以輕柔的聲音和爺爺說話，告訴爺爺她們目前的進度。

「廖先生，您要幫父親清洗一下背部嗎？」小琪在小倩和葳葳將爺爺翻至側身時，詢問坐在第一位的長子大智先生。廖先生一臉不知所措的樣子嘟囔著：「我也可以嗎？我可以嗎？」於是走到前面，有點害羞地接過水龍頭，在小倩的引導下沖洗廖爺爺的背部，原本一臉害羞的廖先生漸漸進入狀況，眼神變得相當柔和，彷彿是在幫自己的小孩洗澡一樣。

「請問，有沒有什麼地方需要加強的？」小琪一一詢問親屬，直到確認清洗都結束後，才進入下個步驟。葳葳取出一排精油請家屬們挑選，分別有花草類、柑橘類、乳香類、樟腦類等多樣選擇。由於廖先生和親戚們平常都沒有使用精油或按摩的習慣，因此他們推派家玲小姐來挑選。

家玲小姐細心地聞過精油味道之後思考了一會，最後挑選了一支以羅馬柑橘、薰衣草和迷迭香爲主的草本精油。

「那麼，我們要開始幫爺爺進行SPA按摩了喔！」葳葳將精油傳給兩位同事，小琪和小倩將手沾滿精油之後，紛紛以輕柔的手法幫爺爺按摩全身，從臉部、肩膀到身體各個部位都以精油滋潤，並且軟化了關節，讓人不禁由衷地爲爺爺感到慶幸，能夠躺在那接受SPA洗禮，看來是一件相當舒服的事。

小倩和葳葳的手在爺爺身上出力按摩，小琪則從頭部開始往頸部前進，先是在頭皮上停留一陣子，然後一手輕輕地將爺爺的頭抬起，仔細地揉搓按摩著後頸的位置。

整個按摩過程持續了十五分鐘，此時室內也瀰漫著精油的香味。大夥原本對禮體淨身SPA的懷疑與迷思也全都消失了，清楚地看到廖先生所花的每一分錢都用在什麼地方。

「按摩的部分到這裡結束，接下來我們要幫爺爺修容，清理臉部毛孔。」小琪取出剃刀與刮鬍泡，開始幫爺爺刮鬍子，連臉上的汗毛也處理得一乾二淨，所有使用過的毛巾都集中在一個袋子中，沒有重複使用。

「現在來幫爺爺敷臉，讓之後的上妝能更加順利。」在小倩和葳葳以毛巾將爺爺的身體完全擦乾的同時，小琪也用特殊的面膜敷在爺爺臉上，我想大家都跟我一樣驚訝，完全想不到幫往生者敷臉會產生什麼樣的效果。

我現在終於理解阿偉爲什麼會跟家屬們強調「有尊嚴的離開」這件事情了，如果能在入殮之前接受這樣的服務，不論是往生者或者家屬都能感到一絲撫慰的滿足，若往生者還有靈魂，一定能體會家屬們對他的心意。

等敷臉結束的同時，小琪起身走到廖先生的身邊低聲詢問，小倩和葳葳則保持著跪姿在爺爺身旁等待著。

「請問，等會化妝時，你們希望把爺爺的臉畫得紅潤一些，或者有什麼特別要求嗎？」小琪的聲音輕柔而溫暖，讓聽到的家屬們都感到相當放鬆。廖先生先回頭看看爺爺的兄弟姊妹，似乎在尋求他們的同意，而其他親戚們則是點點頭，表示就讓廖先生決定即可。

看來家族之間已經沒了隔閡，大家都尊重廖先生的決定了。

「那……請幫我爸畫得紅潤一些，畢竟爸的身體算滿好的。」

「好的，謝謝您。」

小琪回到原來的位置，取下廖爺爺臉上的面膜之後，再次取出新的毛巾沾濕再擰乾摺疊好，接著轉向廖先生與家屬們。此時小倩和葳葳起身走到外面，推了一台乾淨的接體車，並在上面鋪上兩條乾淨的大浴巾。

「淨身部分已經全部完成了，現在請廖先生代表爲廖爺爺擦臉，以示整個儀式的完成。」小琪雙手高舉毛巾遞給廖先生，並引導他將爺爺臉上的面膜殘清擦乾。

「爸……她們幫你洗得很乾淨，我們都有看到……」廖先生一邊擦一邊低聲說著，眼角還含著一點淚光。

「謝謝您！毛巾交給我就可以了。」小琪接回毛巾，接著三人再次向爺爺的大體行禮，然後向所有家屬行禮之後起身。

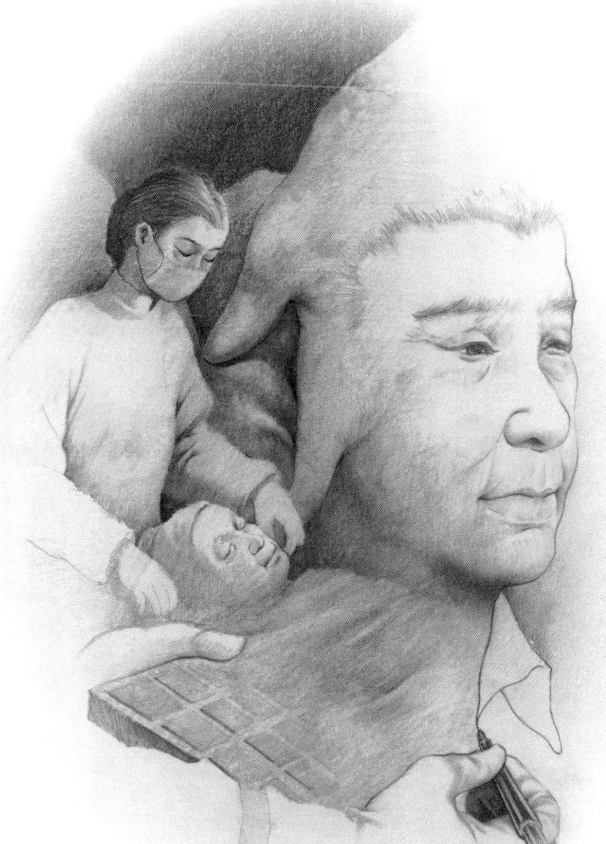

「各位家屬，等會我們會將爺爺的大體移到乾淨的大浴巾上，並為爺爺穿上新的壽衣，然後修剪指甲、化妝。」小琪說完後轉身面對爺爺輕聲地說：「爺爺，我們要幫你換到乾淨的大浴巾上喔！」

三人輕輕抬起廖爺爺的大體移至大浴巾上，接著由小琪進行臉部細緻處理，小倩和葳葳則分別負責四肢的指甲修剪。忙了一陣子之後，只剩下小琪還在幫爺爺化妝，看著她專注的神情和那細緻的手藝，一筆一點地以特殊技巧妝點著那張安詳的臉，呈現出一種溫和的氣息。

大智先生和家屬們都發出一聲驚呼，家玲小姐雙手遮口流出了眼淚，紛紛看著那熟悉的臉龐漸漸重現在眼前。對，那就是自己記憶中那張慈祥和藹的臉，彷彿爺爺並沒有離開他們，而只是睡著一般地躺在眼前。

「請問還有哪個部分需要加強嗎？」小琪放下了手中的彩妝筆，輕聲地詢問在場的家屬，以廖先生為首，一個接著一個搖搖頭，他們已經不知道如何才能為爺爺做得更好、做得更多了。

「禮體淨身SPA的部分到這裡完全結束，接下來我們會請公司的人員為爺爺服務，謝謝各位的參與。」小琪、小倩和葳葳站在爺爺身旁對大家一鞠躬，結束了長達兩小時有如夢一般的禮體淨身SPA。

「我還是第一次親眼看到這麼……難以想像的服務，居然可以做到幾乎是比對眞人還要好的SPA。」將接下來的工作都處理好後，廖先生帶著其他家屬一同去吃點東西休息一下，明天就是爺爺的告別式了。

「這套服務可是從日本引進來的，聽說當初也花了開發部門不少心力赴日學習、引進和改良後，才漸漸爲大衆所接受，現在推薦給家屬們可算是輕鬆許多了呢！」阿偉喝了一口綠茶，總算可以休息一下喘口氣了。

「我過世的時候，眞希望我的親人也能幫我安排這樣的服務呢！」我感嘆地將手中的茶一飲而盡，視線飄往上頭。

「你可以買生前契約啊！只要在契約裡註明，日後都可按照所簽的契約幫往生者辦理喪事。」宗賢從一旁插話，今天他難得不用跑來跑去，專心地待在辦公室頭處理公文。

「這也是個方法……」

「而且還可以分期付款，不須在短期內結清，對大部分人來說比較輕鬆。」宗賢邊看著手上的公文邊說：「阿偉，這個案子你幫我處理一下好嗎？這位家屬的經濟狀況比較不好，幫他們申請義棺和補助。」

「好的，資料先給我吧！我來打電話。」阿偉接過資料看了看，開始打電話給那位家屬。

「喂！您好，我是禮儀公司的謝冠偉。是的，就是承辦您先生喪事的那家公司。是這樣的，我們這邊瞭解到您家裡的狀況，公司可以幫您安排一些政府和鄰里的喪葬補貼和一些資源，可否請您準備一下先生的死亡證明書和一些資料，這幾天拿給我們。」阿偉詳細地和對方解釋了申請義棺和補助所需要的文件。

「這樣的申請有什麼條件嗎？」

「一般來說，只要是地方政府認定的低收入戶，或是弱勢單親家庭，都可以試著申請，只要把文件準備好，我們就可以幫忙申請了。」阿偉掛上電話，將一旁的文件分類放好。

「明天廖爺爺的告別式，東西都準備好了嗎？」阿偉走到我的旁邊，將明天要用的資料都攤了開來，我們一起將資料和設計再檢查一遍，按照先前與廖先生一家人討論過的細節一一檢視，接著騎摩托車一同前往殯儀館，準備監督布置工人的工作進度。

「回來的時候記得幫我們帶晚餐，今天我想吃榮星花園後面的老鄧牛肉麵。」在我們離去前，宗賢從後面探出頭來說，陳哥也附和著要了大碗的麵。我和阿偉笑著接過零錢，準備出門。

第二天早上，我特別早起刷牙盥洗，然後提早到往公司。一進入公司的斜坡，我就看到熟悉的車輛停在停車格，廖先生早已帶著女兒和太太在那裡等候了。家玲小姐今天穿著簡單的黑色套裝，搽著淡妝的臉上有著自然的紅暈。

「早安！廖先生、廖太太。早安！廖小姐。今天怎麼這麼早來？」

看到我拎著早餐走下來，他們也相當和善地上前和我打招呼。

「早安！張先生。沒事啦！我們只是想來這裡坐一下，因爲今天要很早過去殯儀館不是嗎？我太太說早點來陪爸也比較好，所以……」廖先生似乎有點害羞，應該說是有點怕老婆，特別將我拉到一邊小聲地說。

「我現在跟你說的事情，你不要說出去喔……」

「是，廖先生您請說。」

「是這樣的，今天我爸的告別式辦完之後，中午會去聚餐吃素菜啦！你和謝先生要不要一起來，其實……我女兒喔……」廖先生緊張地回頭看看太太和女兒，她們倆一臉狐疑地看著我們。

「我女兒啦！是我女兒最近都在說你的事情，說你們很善良很盡責啦！尤其是你又幫了她很多忙，想說要請你吃個飯，多跟你聊聊這樣……」雖然廖先生說只是吃個飯，但我總覺得從他和家玲小姐的表情看來似乎沒那麼單純。

「廖先生，眞的很感謝你邀請我們去吃飯，但中午過後，不知道公司會不會很忙，所以不一定可以去，等一下我問過冠偉再跟您說好嗎？」雖然我的內心告訴我很想去參加，但我的專業也提醒著我，還是要以服務家屬為主，等會先問過阿偉和宗賢再說吧！

再三謝過廖先生後，我帶著他們先到治喪協調室裡等待。七點多時，法師也在預定時間內準時前來，換上衣服後，開始進行移靈和搬運大體。

「來喔！爸，要過門了喔！」捧著父親神主牌位的廖先生每逢過門上車，都專心地跟父親說話，廖先生的二弟則負責打黑傘。我坐在駕駛座負責開車，師父坐在助手席，家玲小姐和母親夾著廖先生坐在後座第一排，後頭放著以乾冰保護的廖爺爺大體，廖家兄弟姊妹們則坐阿偉開的另外一輛廂型車，一同前往第一殯儀館。

「爸，我們現在要去殯儀館了，你坐好喔！」從照後鏡看過去，廖先生依然在和牌位說話，家玲小姐和母親則神情憂傷地看著外頭。漸漸入秋的景色不斷飛逝，從我加入公司到現在，已經一個多月將近兩個月了，時節也從夏天轉至秋天。

我們沿著光復北路往北開，一路上保持著穩定的速度前進，很快地就抵達了第一殯儀館。廖爺爺的告別式在懷德廳舉行，只要一進入殯儀館大門即可看到，當我們轉進殯儀館，寫著爺爺名字的花牌早已立在懷德廳前。

停好車後，我們照著師父的指示，隨著念誦佛號，將爺爺的大體和神主牌位都安置好，接著請家屬們先在休息室稍坐，我們則去準備等會入殮的用品。

很快地，我們將壽棺內的用品如棺底席、銀紙、庫錢等都準備好，由於昨天已來清點過，因此我和阿偉只是將東西從一旁的暫放區取出點齊並排列好，就等著儀式進行了。

「廖先生，各位家屬，我們可以準備進行入殮了，大家這邊請。」我穿過車道前往休息室請家屬們移往廳內，開始舉行小殮儀式。

儀式在靈堂後頭的停棺區舉行，以廖先生爲首的家屬們繞成一個半圓，聆聽師父的指揮進行著小殮儀式。完成移靈請主之後，我和阿偉在廖先生的陪同下，緩緩地將爺爺的大體放進棺木內，塞好庫錢之後，則是要放置陪葬品。

「廖先生，你們有帶一些爺爺的東西來嗎？可以當作陪葬品放進去的。」阿偉詢問著。

廖先生從旁拿出一個長包裹，裡頭裝著一整套全新的釣魚用具，輕聲地說：「爸，這套是你之前說想要的那一組碳纖維新釣竿，裡面還有一組新的釣餌和鉤子，你都帶下去用，若是要買別的，你再跟我說。」

除了廖先生放的釣魚用具組外，其他家屬也放了一些紙蓮花和元寶，家玲小姐則送了一件多口袋的背心和釣魚帽給爺爺。

「那麼請大家到外面休息，待會忠翰會協助大家穿好孝服，大家請稍候。」家屬們紛紛走出停棺的地方，臨走前，還不忘多看爺爺的棺木兩眼。

「那麼，等一下你拿孝服出去給家屬們換穿，我把外頭的收付台及一些祭品處理一下，再過一小時奠禮就要開始了，動作要快一點。」阿偉交代完之後，立刻搬起東西走了出去，我則從箱子裡找出孝服拿給廖先生與家屬們穿。

按照傳統，廖先生、廖太太與廖先生的兩位弟弟都穿麻做的孝服，廖爺爺的姊妹們則沒有穿特別的孝服，倒是家玲小姐和一些同屬於爺爺孫字輩的，則穿上苧麻做的孝服。

協助家屬們穿好孝服之後，阿偉也結束了收付台的工作走了進來，正在詢問廖先生今天是由哪位親戚負責坐在收付台接待來賓和收白包，我則依照阿偉的指示，準備祭台上的祭品及物品。

當所有的東西都準備妥當，家奠禮也即將開始。安置好家屬們的座位後，我和另外一位禮生分別站在祭台兩邊，阿偉則擔任司儀，並將螢幕和投影機打開，播放廖爺爺的回憶光碟。

光碟的內容是廖爺爺從小到大的生活，包括成長、當兵、工作、退休與他最愛的釣魚活動，都一一呈現在大家眼前。來參加的賓客們除了廖家親屬之外，還有廖爺爺之前的同鄉、軍中同袍、工作時的同事朋友，以及人數最多的釣友們，幾乎將整個懷德廳都坐滿了。

今天整個會場都按照之前說明會時播放的照片去設計和布置，廖爺爺的放大照片放在中間，前頭放著一艘紙紮的遊艇，一層藍色一層白色的球布置下來，模擬出波浪和海洋的感覺，一直延伸到以四顆碼頭繫纜柱為牆的繡球花海，點綴著繽紛多彩的花球狀波浪。

接著是一條木頭搭建的祭壇檯面，上頭擺放著豐富的祭品和花籃，習俗中會放置的八寶燭、香爐等物也放置在正確的位置上。

待會場差不多坐滿之後，阿偉退出回憶光碟，清了清喉嚨說：「各位來賓，各位家屬，您好！我們現在開始廖開慧先生的告別式，先舉行的是家奠禮的部分，請家屬代表廖先生上前。」隨著阿偉的指示，披麻帶孝的廖先生緩緩走到最前面，阿偉將手上的麥克風交給他，眼神充滿了溫柔與鼓勵。

「各位長輩、親朋好友，非常感謝大家來參加我父親的告別式。父親出生於民國三十五年七月二十一日，今年剛過六十四歲生日，從小就常聽他說那些光復時期的故事……」廖先生就著自己的記憶開始回憶起父親的形象，足足說了十分鐘。

「……在這裡，再一次地謝謝大家。」廖先生說完，向眾賓客一鞠躬，並將麥克風還給了阿偉。阿偉也緊接著下面的儀式：「那麼，請其他親屬按照輩分排在廖先生的後頭，男生請靠我的左手邊，女生請靠我的右手邊。」

依著阿偉的指示，廖家親屬二十來人在廖先生的後頭分成兩列，從祭台前方一路排到整個廳的中間。接著阿偉又說：「奠拜者，孝男請就位，孝女孝媳請就位。」於是廖先生站在第一位，第二位則是廖太太、廖先生的二弟三弟等人，大家按著輩分排了下來。

「靈前上香，拜。」

「再拜。」

「三拜。」廖家親屬聽從著阿偉的指揮，一一進行著奠拜程序，上完香後是鮮花、素果和香米，最後則是以三跪九叩結束。一行二十來人就這麼跪了又拜、拜了又跪地過了十幾分鐘，才輪到其他比較遠房的親戚分別前來上香。

我和另外一名禮生負責傳遞祭拜用品，看到有人因爲跪拜而腳步不穩時，也會趕緊上前攙扶。家奠儀式結束後，阿偉宣布休息十分鐘，現場再次響起輕柔的音樂，前面大螢幕上也繼續播放著回憶光碟。

休息時間結束後，開始進行公奠禮。阿偉按照之前安排好的順序，邀請在場來賓一一上前祭拜廖爺爺，幾個老同學還痛哭失聲，互相攙扶著才能走到前頭。廖爺爺的釣友們則特別拿著一大幅魚拓前來，由四個人在廖爺爺的牌位前拉開，看完之後大夥說著懷念的話，並將魚拓摺好放在祭台上，再三交代我們要把這幅魚拓也燒給廖爺爺。

整個典禮進行了一個半小時才結束，大殮蓋棺之後，我們將靈柩從懷德廳的後門推往停車場，由於廖家的親人在故鄉有一塊祖墳，因此他們會將廖爺爺送回去安葬入壙。廖先生和親友們幫忙將爺爺的靈柩抬上公司安排的靈車之後，特別走過來找我們說話。

「這次眞是謝謝你們兩位了，你們幫我把爸的喪事辦得很好，謝謝，謝謝。」廖先生握住阿偉的手再三感謝，也轉過來握著我的手說：「等會送爸去鄉下安葬之後，會回到台北來聚餐，請兩位盡量出席和我們一起吃個便飯，到時候再以電話聯絡兩位。」

「廖先生，眞的謝謝您的好意。我們會先回公司工作，屆時還得問主管同不同意，這裡還是先謝謝您了。」阿偉邊說邊鞠躬，我則看著那輛靈車發呆。喪事辦完之後，他們也要回到正常的生活，經過今天這場告別式，是不是能讓家屬都釋放心中的悲傷，重新提起精神來工作呢？

「忠翰，發什麼呆啊，還不快謝謝人家。」阿偉看到我居然看著靈車發呆，趕緊用手肘頂頂我。

「是、是的，廖先生謝謝，謝謝您的好意。」我再三鞠躬敬禮謝謝廖先生，然後和阿偉一起目送他們上車離開，直到家屬的座車都駛出了殯儀館，才轉身進入懷德廳，幫忙廠商把現場還原。由於今天是好日子，殯儀館內的每一廳從早上到下午都安排滿滿的告別式。

「快來把東西收一收，下午搞不好還有得忙呢！」我和阿偉兩人輕快地跑進懷德廳，趕緊投入收拾的工作。

整理完會場並將要帶回的東西都裝上車後，我和阿偉各開一輛車回到公司。那時正巧是午餐時間，不知爲什麼公司裡擠滿了許多治喪的家屬，宗賢和陳哥看到我們回來，立刻揮手要我們趕快進去幫忙。停好車後，我和阿偉三步併作兩步跑進公司，立刻就被家屬團團圍住，七嘴八舌地問起各式各樣的問題。

想不到一回公司就要面對這麼忙碌的場景，大夥一時也忙不過來，直到家屬都問得差不多滿意之後，看看時間都已經是下午三點了。這時我們才注意到，大家忙到沒時間吃午餐，早就餓得頭昏眼花了。

「呼呼！想不到突然來了這麼多人，眞是忙到頭都昏了。」陳哥癱坐在椅子上拿出手帕擦汗，疲憊的臉上不斷地冒出一顆顆豆大的汗珠。

「你們早上的那場告別式如何？一切順利嗎？」宗賢結束了手上的工作，走過來關心廖爺爺的那場告別式。

「狀況還ＯＫ，他們家人已經把爺爺的靈柩運回鄉下去了，應該也已經安葬在祖墳那了吧！」阿偉邊整理攤開在桌上的資料邊說著：「他們對忠翰的評價也很不錯。啊！對了，廖先生不是說要打電話約我們吃飯嗎？你手機有沒有響啊？」阿偉突然想到，急忙掏出了手機，我也趕緊從口袋中拿出來確認。

「糟糕！剛剛忙到什麼都沒聽到，我這有三通廖先生的未接來電，你呢？」

「我這邊也有兩三通，而且還有家玲小姐的來電……」看著手機螢幕上顯示的未接來電，一時之間我也不知道該怎麼辦，還是老老實實打電話過去道歉吧！

「喂！您好，我是忠翰。是，是，眞的很不好意思，我們剛剛眞的很忙，沒有接到你們的電話眞的很抱歉。」

「其實也沒關係，我知道你們眞的很忙，只是爸爸很想請你們吃個飯謝謝你們，本來想藉著爺爺入大厝的機會一起吃飯的……」電話那頭家玲小姐以相當惋惜的口吻說著。

「不不不，讓你們請吃飯我們也不好意思，把爺爺的事情辦好本來就是我們應該做的，今天一整天你們也辛苦了，還請早點休息吧！」掛上電話之後，我看向阿偉，他也結束了和廖先生的通話，一臉不好意思的看著宗賢說：「不好意思，處長，沒接到電話被他念了一下，剛跟喪家道歉過了。」

「沒關係啦！當然你們也不是故意的，記得等會把案件資料寫好並登錄，百日、對年和合爐的時候記得要提醒他們。」宗賢轉頭繼續關心著桌上的資料，過了一會兒才轉頭看向我這邊：「對了，忠翰，今天有正式的公文出來了，今年的禮儀師晉升考試就在年底舉行，時間大概是聖誕節左右，如果你覺得可以，我就幫你推薦，讓你去試試看怎麼樣？」

「是晉升成禮儀師考試嗎？」我驚訝的問。

「是啊！你有記得報名國家舉辦的喪禮服務丙級技術士技能檢定了吧？」

「有啊！已經報好名了。」

「那你二十個殯葬學分修了沒？」陳哥提醒道。

「……糟糕！我忘了這件事了……完蛋了！這樣我就趕不上參加禮儀師的考試了。」自己居然忙到忘記這麼重要的事情，這下可會大大影響整個升級考試的順序和時間。

「快去報名吧！現在去上課應該還來得及。」陳哥將一疊傳單和報名表交給我，原來是空中大學的課程清單和報名表。想不到陳哥早已經注意到這件事情，還幫我準備了這麼豐富的資料，眞是讓我太感動了。

「謝謝陳哥。」接過資料我一鞠躬謝謝陳哥，眞是太感謝他了。

「你要看一下那個學分什麼時候上課，要是輪到你值班，得事先安排一下讓你去上課。你下午先去報名好了，等會回來，我們再看看下個月的班表怎麼排吧！」宗賢決定讓我下午先去報名，免得又錯失了這重要的機會。

「是，那我趕快去，等一下立刻回來。」再次謝過陳哥和宗賢他們後，我趕緊抓了車鑰匙跑出辦公室，趁著公司比較不忙的空檔先去空中大學報名，免得趕不上年底的升級考試。

「年輕人眞是不錯，很有幹勁啊！」陳哥悠哉地喝了口茶，看了看辦公室裡的兩位同事，露出了會心的一笑。

「不過，那個二十學分可以補修的事不跟他說好嗎？要是身體就這麼操壞了，可是吃了大虧啊！」阿偉問。

「能夠這樣一直保持著衝勁不是很好嗎？如果日後補修學分的話，也會延緩他拿到禮儀師資格的時間啊！」宗賢笑著說，接著又看向阿偉和陳哥：「不過我們自己的考試也快到了吧！在公司服務了這麼久，新的考試制度也出來了呢！」

「是啊！乙級技術士的考照時間也公布了，我還得找個時間把之前的書都讀一讀，好好惡補一下。」

「看到那個小子這麼有活力，眞是讓人也感染到一股衝勁呢！」陳哥笑著說，開始整理起桌上的資料；阿偉也翻開電話簿開始打電話給家屬。

「大家一起好好加油吧！保持著如此衝勁的話，年底的評鑑想必也會有好成績的。」宗賢用熱情的語調鼓勵大家，自己也繼續整理滿桌的資料。那個充滿活力的忠翰小夥子，不就是大家剛加入禮儀行業時的寫照嗎？

12 支持

報名空中大學的課程之後，我的生活變得比以前更加忙碌。每週除了上下班值夜之外，每個月還得額外排時間去上課進修，幾乎把我的空檔都擠得滿滿。由於空中大學的面授課程多安排在週六、日兩天，因此常常是上完課之後，又趕回公司上班或值夜，然後連續上幾天班把工作天數補回來。

在開始上空中大學的課程之前，我特別向宗賢請了個假回家一趟，提著大包小包的禮物和名產，回家鄉看看母親和大姊一家人，趁著還沒有忙到焦頭爛額之前，先享受一下天倫之樂。

原本以爲回家還可以遇到父親，不巧父親在我回家的前兩天才出國洽公，因此兩人又錯過了一次。不知道母親有沒有將我在禮儀公司上班的事情跟父親講，也不知道父親聽了做何反應。

回家這幾天，我開著車載母親和外甥及外甥女四處兜風，到鹿港、日月潭、清水等地晃了晃，順便回味一下家鄉四處的美食和名產。能夠如此放鬆要好好珍惜，等我回到台北之後，可是要全心全意投入工作和念書，才能在年底的考試中脫穎而出。

「既然決定了就要好好去做，我們家的孩子是不會輸給別人的。」母親是這麼鼓勵我的。在我結束假期即將北上的前一天晚上，姊姊一家人和母親在家裡煮了一桌子的好菜給我送行，六個人圍著一張桌子享受著母親和姊姊的手藝：鳳梨蝦球、糖醋排骨、奶油燉白菜等，都是桌上佳餚。

「當然不會輸給別人嘍！阿翰可是我的好弟弟吔！以他這麼愛念書的個性看來，年底的考試一定沒問題。」姊姊也在一旁搭腔，已經三歲的外甥女快樂地在那重複說著沒問題、沒問題，讓整個場面格外歡樂。

「這麼說也是，小舅子，你一定行的。」從大陸回來的姊夫也參加了我們的晚餐聚會，露出爽朗的笑容，拍著我的肩膀鼓勵我，餐桌上洋溢著一股愉快的氣氛。

但我總覺得大家似乎刻意在迴避什麼，是迴避父親這件事嗎？

從小到大都是威權管理，在我們眼中有如巨人一樣存在的父親，似乎從餐桌上銷聲匿跡了，是發生了什麼事嗎？爲什麼母親跟姊姊都不願提起父親呢？

「阿翰，多吃點菜，等一下媽再舀湯給你喝，今晚的湯可是媽燉了一下午的香菇雞湯，很補的。」母親發現我看著桌上的菜餚發呆，順手夾了一塊糖醋排骨到我的碗裡，叮嚀我多吃一些。

既然母親如此說了，我也只能暫時放下心中的懷疑繼續用餐，以免破壞這難得的美好時光。

用完餐後，姊姊很快地幫小孩洗澡哄小孩睡覺，姊夫則出去租DVD並買了宵夜和啤酒回來，三人配著美式喜劇又吃又喝地過了愉快的夜晚，才拖著疲憊的身軀回房休息。

隔天一早我搭姊姊的車到火車站準備北上，幸好我之前就買了一些伴手禮準備帶回公司請宗賢他們吃，才不用一大早繞去別的地方買。姊姊載我從家裡出發，沿著太原北路轉往綠園道，一路上看著熟悉的林道景觀漸漸被樓房取代，不禁有種離鄉遊子的感覺。

「路上小心啊！年底考試你給我拿了升級證照才可以回來吃年夜飯，知道嗎？」老姊一邊開車一邊不忘恐嚇我，穿著套裝的她今天要去拜訪客戶，因此特別有空送我去車站。

「是是是，我知道了，還要多吃青菜水果，不要吃垃圾食物和宵夜，對吧？」從小姊姊就像是第二個母親一樣照顧我，就連我已經出社會了，耳提面命的功力依舊不減反增，連帶的她的女兒也受影響，在一旁搭腔提醒。

「知道就好，要是身體弄壞了，賺再多錢都划不來。」老姊再次集中精神開車，但臉上卻浮現了若有所思的表情，似乎有什麼話要說卻說不出口。

「老姊怎麼了？」我試探性的問了問，莫非是有關父親的事？

「沒有啦！其實是你姊夫……」

「難不成他……」我露出不可置信的表情。姊夫看起來一副敦厚老實的樣子，又是個被姊姊敘述成不太善於跟女生相處的木頭人，去了大陸居然也……

「白癡喔！不是啦！」老姊笑著拍了我的頭：「是你姊夫最近要升官了，會從崑山搬到上海市區去工作，你在想什麼啊？」

「我還以爲姊夫也在對面趕流行了，原來是件好事啊！」

「不過接下來的我就不知道是不是好事了……」老姊的口氣突然急轉直下，一臉擔憂地說：「你姊夫跟我說，他們公司配了一間不錯的房子給他，大概就是一層三十幾坪的公寓這樣，問我要不要把小孩一起帶去上海，讓小朋友在那裡念台商幼稚園和小學，等上國中再一起回台灣念書。」

「聽起來是不錯啊……可是這樣的話，家裡不就剩下媽一個人了？」

「是啊！而且爸又長年在外地工作，家裡只剩媽一個人，挺讓人擔心的，所以……我們可能會帶媽一起過去，畢竟外婆在上海也有房子，如果媽願意過去和外婆住在一起，也比較讓人放心。」

「這樣子啊……」我思考著老姊說著這件事，突然發現一個關鍵點：「如果老姊跟媽都過去了，台灣就只剩下我一個人了耶！」

「你終於發現了啊！如果大家都過去，以後過年你就要飛過來跟我們吃飯了，哈哈哈！」老姊勉強裝出爽朗的笑容，但我看得出來，她不希望大家分隔兩地。畢竟，台灣才是我們出生成長的地方，爲了工作討生活，大家才離鄉背井，也不過就是爲了混口飯吃。

「反正這件事也還沒敲定，畢竟我跟你姊夫都對那邊的教育方式沒什麼瞭解，就這麼帶著小孩過去也不知道好不好，一切都還是未知數啦！」老姊重新振作精神，繼續開著車帶我轉到了後火車站。

「到了台北打個電話回家給媽，別讓她老人家擔心了。」臨下車前老姊特別提醒我，我點點頭後踏入車站，提著行李和伴手禮揮別了心愛的家鄉。

回到台北租屋處，我先將房間清掃過一遍，並將行李都歸回訂位，整理完後稍微沖個澡，換上乾淨衣服，便提著禮物到公司請大家吃，順便問問我不在的這幾天有什麼事要交代的。

「喔！你回來了啊。」宗賢一看到我就起身打招呼，下午的時光，公司難得出現清閒的景象，只有一組家屬在治喪協調室和阿偉討論著告別式的細節。

「是啊！剛坐火車回來沒多久，這些東西請大家吃。」我將伴手禮都放在桌上，先打開一盒鳳梨酥請大家吃了。

「你不在的時候，廖先生一家人有來公司喔！」陳哥抓了一塊鳳梨酥，邊撕開包裝邊說。

「而且廖家小姐發現你不在，有些失落呢！」宗賢也從後頭伸手拿了一塊，一邊訕笑著說。

「眞……眞的嗎？」這個消息倒是讓我相當驚訝，該不會是逗我的吧？

「你自己打電話去問吧！我也不知道她爲什麼不直接打給你。」宗賢笑著結束了對話，咬著鳳梨酥回到自己座位埋頭工作。

「這疊資料你拿去看！最近有幾位往生者要辦手續和舉辦告別式，明天開始你就要來幫忙了，先把細節讀一下吧！」陳哥將厚厚一疊資料交給我，交代我要特別看仔細，免得明天回來工作銜接不上。

接著陳哥開始打電話聯絡家屬，我也回到自己位置上閱讀資料，決定等資料讀完後再打電話給家玲小姐，問問看她是否決定了報考研究所的事。

下午四點多，阿偉結束了和家屬們的治喪，送走家屬後，回到辦公室坐了下來，伸了個大懶腰，打了個呵欠：「呼……終於結束了，昨天晚上值夜到現在，都沒好好休息夠。」

「唷，你回來啦！廖家小姐有來找過你喔！眞是個好小子，才上班沒多久，就有人喜歡上你了。」阿偉看到我在座位上看資料，特別繞到我旁邊探頭探腦，俏皮的動作讓陳哥也刻意別過頭，我注意到其他兩人用手掩嘴忍著笑。

「少來！一定只是問些課業上的事情而已，你們想太多了啦！」其實我的內心也期待著什麼不是嗎？自從惠芬跟我分手之後將近一年，自己也早已走出失戀的陰影，期待能開始新的戀情不是嗎？

新的工作和新的戀情，將帶給我新的人生和體悟。

抱持著這樣的想法，我相信能有些好的結果。

所以繼續加油吧！

和阿偉瞎聊了一陣，也大致讀完陳哥給的資料後，我自告奮勇去幫他們買晚餐，然後才回家休息。

回到家後，我撥了個電話給家玲小姐，問問她最近的生活狀況和研究所的打算。

「喂！妳好，請問是廖家玲小姐嗎？」電話那頭似乎有點嘈雜，聽起來像是在熱鬧的街上，不時還傳來女生嘻笑聊天的聲音。

「是，是的，是宗翰大哥嗎？」

什麼時候她改稱我為大哥了？我愣了一下，「是，我是宗翰。」

「請等我一下。」感覺是家玲小姐有些緊張地用手按住話筒，但還是有些雜音從手掌中透了過來，似乎聽到了：「是那個做禮儀公司的嗎？」「喔，喔，白馬王子打來了。」這類的玩笑話。

「抱歉抱歉，我跟朋友在外面吃飯，有點吵，請你不要介意。」過了一會兒，家玲小姐的聲音再次從話筒裡傳來，四周變得安靜許多，也許是到廁所之類的地方講電話吧！

「啊！眞是不好意思打擾了，只是想問問……妳研究所的事決定得怎麼樣了？」難怪我會聽到那樣的嘻笑聲，姊妹淘們吃吃飯總是會聊聊八卦。

「我已經跟我爸談過了，這幾天會去補習班報名，明年初就會去報考研究所了。」她的聲音聽起來有些雀躍，也許是為了人生可以往下個目標努力而興奮吧！

「那眞是個好消息，家裡人也支持實在是太好了。」

「是啊！到時候還得拜託你幫我看看我的自傳和研究計畫、讀書計畫，有空還請你多指點我一下呢！」

「這個一定一定，我這裡還有一些我研究所時的筆記本和課本，考上的話，我把它們都送給妳用吧！」

「哇！那我得加緊努力才行，不然就辜負了你之前借給我的那些筆記了。」家玲小姐笑著說：「對了，那你呢？我聽你公司裡的人說，年底似乎有什麼晉升考試，你會參加嗎？」

「哦，那是從專員升等爲禮儀師的考試，宗賢哥說會推薦我去參加，如果通過的話就可以升格爲禮儀師了。」想不到家玲小姐會主動關心我的考試，眞是讓人感到很窩心。

「禮儀師？跟現在的工作有什麼不一樣嗎？」

「我現在做的專員工作是以協助禮儀師服務家屬爲主，要等升上禮儀師，才能眞正去規劃一場喪禮，也才能從頭到尾去構思並且執行。」我解釋道。

「聽起來好了不起喔！當了禮儀師之後，也能幫助更多人了吧？」

「應該可以，因爲接觸的案子也會更多啊！」

「那……你有沒有什麼讀書計畫呢？」

「因爲要取得喪禮服務技術士丙級執照，還得修習二十個學分的生命禮儀相關課程，我已經去空中大學報名了，平常也要研讀公司給的一些教科書和資料，大概會忙得連放假的機會都沒有吧！」

「聽起來還挺忙的……」電話那頭傳來有點失望的嘆息聲。

「不過，要是家玲小姐有問題要討論的話，我一定會排出時間幫忙的，偶爾去圖書館念書轉換一下心情，也不錯啊！」我趕緊說。

「眞的嗎？那眞是太好了，我們一言爲定喔！」想不到家玲小姐立刻愉快地回答我，害我有種好像中了計的錯覺。不過，能幫上她的忙也不錯啦。

「啊……不知不覺也講了快十分鐘了，我要先回去跟我朋友吃飯了喔！拜拜！」

「快去吧！別讓她們等太久了。」

「那我再打電話給你，拜拜！」

「拜拜！」掛上電話，我高舉雙手輕聲地歡呼了一下，感覺和家玲小姐又進了一步，能夠一起爲著各自的目標努力，眞是太好了。

簡單吃過晚餐，我在書桌前努力念書到十點多，才洗澡上床睡覺，明天要重新投入工作，加上一邊念書，體力的消耗可不是蓋的，我得好好調養身體、儲備體力才行。

開始上課後，我的生活幾乎被工作和進修填滿：白天上班，中午吃過飯後就整理資料去上課，下課之後又趕回公司值夜。由於上課的關係我的上班時數不太夠，因此特別拜託宗賢增加我的值夜天數並且減少放假，以彌補我短缺的工作時間。

難得有放假的話，常常就是和家玲小姐出去念書，松山的市立圖書館、速食店或者咖啡廳都曾我們的足跡，一邊念書，一邊幫她解答一些課業上的問題，有時還能享受精緻的下午茶蛋糕。雖然偶爾會被公司急call回去幫忙，但我相當珍惜能和家玲小姐相處的一分一秒，每次讀書聚會總能留下美好的回憶，課業上的進展也相當不錯。

日子就這麼一天一天過去，日復一日，我努力準備著技術士的考試和空中大學的課業，雖然不免工作進修蠟燭兩頭燒，但還好公司的前輩們都相當體諒並且諒支持我，讓我能更加專心地準備考試。

很快的，丙級技術士檢定考試日期就在下週了，爲了讓我能夠放鬆緊張的情緒，家玲小姐提議一起去爬山散散心，免得準備考試太操勞反而失常。

「好久沒上陽明山走走了呢！今天宗賢前輩能夠放你假眞是太好了。」家玲小姐穿著輕便的衣服和貼身牛仔褲，一頭長髮盤在後腦杓上結成丸子狀，只留下幾撮細髮從耳側垂了下來，給人一種清爽利落的感覺。

「是啊！這幾個月眞的忙到快瘋掉了，能出來放鬆一下眞好。」我穿著輕鬆T恤和牛仔褲，在公車座位上舒服地伸著懶腰。爲了避開假日上山踏青的車潮，我倆特別約了平常日搭公車上山，享受難得的清閒氣氛。

「上次來這裡已經是好久以前了呢！本來要帶爺爺上山泡溫泉的，想不到……啊……不好意思，說了讓人難過的事情。」爲了隱藏悲傷的情緒，家玲小姐刻意靠了過來將相機高舉，我們拍了一張合照。

「不過，也是因爲爺爺的事情才能認識你和冠偉先生，也眞的是緣分呢！」家玲小姐感性地說著，突然轉頭過來看著我，一雙秀麗的大眼看起來格外動人。

「……」我一時也不知道該說什麼，只好用手抓抓後腦杓然後才說：「是啊！我們能夠認識眞是個緣分呢！」

公車沿著中山北路直走，然後右轉福林路銜接仰德大道，正式轉入通往陽明山的陡峭山路。今天上山的公車沒什麼人，夾雜在一群老人之中，我倆顯得格外突出。一路上閒聊著時事、電影和工作念書，很快公車就抵達了陽明山的公車總站。從這裡我們就要開始步行上山，按照原本計畫是先前往花鐘拍照留念，然後一路走到陽明書屋參觀，最後沿著路往下走一段到遊客中心休息，改搭遊園小型公車往擎天崗欣賞芒花，見識一下旅遊網頁上推薦的美景，並享受一下秋天涼爽的氣候。

已經入秋的山上微風徐徐，吹著相當舒爽的涼風，我們沿著步道往上走，沿途欣賞著秋天的景色：漸漸變黃的無患子、山櫻花、楓香，還有葉子變紅的山漆樹、青楓和賊子樹，都在在地提醒著我們時節的變化。就連裝飾花鐘的各種植物也替換成秋天的特色花種：山菊。黃色的菊花和綠色的樹叢相互輝映著，排列出多層次以圓形爲準的美麗花鐘。

「哇喔，好漂亮啊！」家玲小姐興奮地拿出相機拍照。

「喔喔喔……這樣的花鐘我還是第一次見到呢！」花鐘四周有些遊客圍繞著輪流拍照。近年來由於開放大陸人士來台旅遊，山上也有幾組大陸旅行團四處走動，各種不同的鄉音聽在耳裡眞是十分奇妙。

「來合照一張吧！」家玲小姐拉著我跑到花鐘旁邊，再次高舉著相機自拍。果然女孩子看到美麗的景色總是要拿出相機拍照留念。遊歷過花鐘，我們沿著步道繼續往上，準備前往陽明書屋參觀。

陽明書屋是蔣公的行館，也是唯一由他老人家親自參與設計的行館，除了相當遼闊的視野和園內景致外，更充滿了人文氣息和歷史意義。看著蔣公手繪的房間設計圖、走在這充滿歷史感的房間內，我不禁感到一種獨特的氛圍瀰漫著四周。

「好可惜喔！裡面這麼漂亮居然不能拍照。」家玲小姐低聲抱怨著，我則沿途欣賞牆上的老照片和檔案資料，感受著裡頭的歷史變遷。

「到外面院子就可以拍照了啊！大概是因爲裡面有很多史料，所以不能開放拍照吧！」我安慰著家玲小姐，兩人行走的時候幾乎是並肩而行，不時還能聞到從她髮梢飄來的香味。

結束陽明書屋的參觀後，接著往上走到了陽金公路上的氣候觀測所，之後沿著道路往下走到遊客中心，上個廁所，稍做休息，才搭上小15公車，一路往擎天崗大草原。

當公車繞著山路往上攀升，氣溫也緩緩下降。當我們從公車上下來時，山上居然飄起了毛毛細雨。家玲小姐從隨身包包中掏出一支雨傘交給我，我倆就這麼撐著傘，走在有如霧露一般的微微風雨之中，準備沿著步道欣賞擎天崗有名的芒草花海。

「想不到居然下起雨了呢！還好我有帶摺疊傘。」家玲小姐躲在傘下，用相機記錄著外頭的景色，山上的氣溫也比花鐘和遊客中心更低了些，只穿著單薄衣服的我們不禁感到有些寒意。

「看起來也別有一番風味，跟平常大太陽的時候差了許多吧？」

「是啊！感覺就很有詩意呢！」我倆沿著步道繼續往前走，下雨天的擎天崗只有我們兩人，反而有種與世隔絕的疏離感。

「不過下雨天都看不到牛在外面走動，好可惜。」家玲小姐用手架在眉毛上，扮成孫悟空的樣子眺望著四周。也許是因爲下雨吧，廣闊的草原上看不到任何牛隻在那裡吃草或睡覺。

「應該都躲到哪裡避雨了吧！如果感冒對牠們也不好吧？」

「不知道牛會不會感冒吔？還記得小時候爸爸都會帶我來這裡踏青，之前我還親手餵過牛喔！」家玲小姐歪著頭想著，俏皮的神情看起來相當可愛。

「那的確是個難得的經驗。」沿著步道繼續往前走，遠方的山巒在風雨之中看起來有些模糊，墨綠色的山丘隨著霧露一般搖擺著，彷彿蒙上了一層面紗般神祕難見，更增添了一股超脫的美感。

「這樣的場景好像電影喔，感覺好夢幻。」

「是啊！如果在這裡拍電影，應該很適合拍些浪漫愛情電影吧！」看著那隨風雨飄動的雲層和彷彿在擺動的遠山，那種情境就像是一對情人若即若離，品嘗著人生的悲歡離合，十分催淚。

「……怎麼看著天空發呆呢？」站在一旁的家玲小姐問。

「沒有……只是想到一些事情。」也許是自己多心了，總覺得有人在四周看著我們，一種被注視的感覺從背脊攀爬至頸後。但回頭看看四周，蒼茫的碎石路上卻只有我和家玲小姐兩人。

「想到什麼事情呢？」

「一些往事，不過那些都該忘記了，現在的我得努力邁出新的步伐才行。」我擠出微笑，家玲小姐卻一臉狐疑的看著我。

「有些事情即使過去了，卻還是會不經意地回來戳弄你一下。」家玲小姐也若有所思的說，兩人同時陷入一種莫名的情緒之中，久久說不出話來。

一陣風將空中的雨雲稍微吹散，透下微弱光條灑落一丁點的金灰色彩，打散在家玲小姐的臉上化作一絲絲動人的金線，而我欣賞著那純美的臉孔和自然的光彩，漸漸填上了漣漪般的紅暈。

滿地的青草和矮灌木隨著風雨擺動，搖曳在秋後的灰光中。

我究竟在害怕著什麼？

抑或是，一切只是我多心了呢？

「繼續往前走吧！到了前面應該就可以看到芒花了。」我甩甩頭，拋開迷惘與異樣的感覺，輕輕扶了一下家玲小姐的手肘示意她繼續往前走，於是兩人又邁開步伐前進，小石子承受壓力而互相推擠，壓發出的沙沙聲不時從腳下傳來，在空寂的曠野之下聽起來有如巨響。

走著走著，也不知道過了多久，我們兩人繞過一處山坳轉往下山的坡道。才一繞過，天上的雲層赫然被一陣風吹散，數道陽光像是支撐著天空的羅馬柱一樣從天而降，照亮了一片綠野。

「哇……突然雨過天青了呢！」家玲小姐發出一陣驚呼，雙手疊在嘴前遮住自己因驚訝而大張的嘴，不敢置信地看著難得的景緻：雨後的陽光灑在大片大片的芒草花海上，一株株比人還高的芒草隨著輕風前後搖曳著，有如一片雪白的波浪。

「眞是太幸運了，你看，那邊有彩虹吔！」我收起雨傘用手指著右前方，一道彩虹從雲層中透出，蜿蜒著美麗的弧線往山腳下延伸。而順著那片山脈看下去，連綿一片，有雨也有晴，反而呈現出一種相互交錯的奇妙美感。

「今天能夠來爬山，還能看到這樣的美景，眞是太開心了。」家玲小姐放下雙手轉身面向我，正對著陽光的臉看起來神采奕奕，但那眼角卻有一兩滴淚光徘徊著。是因爲看到美景而感動嗎？還是她也想到了什麼傷心事呢？

「謝謝你……」家玲小姐突然閉上了雙眼，緩緩地向我靠了過來。

「……我……我……」在我還未發出任何聲音之前，柔軟的雙唇已將我的回應封鎖，柔軟的髮絲在我發呆的眼前輕飄著，一股香氣直衝我的鼻腔，薰得我一時之間也不知道如何是好。

也許那就像是偶像劇或者愛情小說中寫的，突如其來的吻會讓時間暫停。而我，眞希望時間能夠暫停在這一刻，讓我不斷回味著這一瞬間的美好。

下山之後，我送家玲小姐回到她家門口。一路上我倆都害羞得不敢主動搭話，只是默默地等待著時間的流逝，任由公車將我們載回民生社區。

「下週的考試，要加油喔！」家玲小姐站在門前，用那燦爛的笑容說著。

「我會努力的。」我突然想起之前曾在這裡說出要把廖爺爺的喪禮辦好的宣言，不知道我是不是算得上完成了我的宣言呢？

「拜拜！」輕輕揮了揮手後，家玲小姐消失在大廈之中，我則轉身散步回家，還剩下一個星期可以複習考試科目，我得把握每一分每一秒，不要辜負了所有人對我的期待。

也絕對不要辜負了我自己。

加油！我對自己說。

13 肯定

丙級技術士檢定考試的那天早上我起得特別早，在浴室沖過澡後，細心地用刮鬍刀將鬍渣都清理乾淨，今天的考試我得用最佳狀態去迎接。回到房間，我將準備帶去考場的東西再次檢查過，然後換上燙得筆挺的西裝和領帶，提著公事包穿上皮鞋出門。

外頭的陽光是秋天的，有點涼意的溫度讓人感覺舒服，即使穿著西裝也不會感到過熱。在早餐店用過簡單的蛋餅和豆漿後，我騎著摩托車前往考場，台北區選在台北護理健康大學，位於士林區的榮總和振興醫院附近。我擠在通勤上班的人潮中，早在考試開始前一個小時就抵達了會場。

由於丙級技術士的考試分爲學科和術科兩項，因此今天我得先通過包含喪葬禮儀、公共衛生和遺體洗穿化、殯葬相關法令與職務倫理在內的學科考試，通過了才能參加後續的術科考試。

爲了公司的榮譽和我個人的表現，我特別在胸口別上了公司的名牌和徽章，提醒自

己在外頭就是代表公司，隨時得注意自己的一言一行。

其實考試內容並不會太難，如果平常有念書，上班又認眞學習的話，這些考題顯示的狀況在實作中都會遇到，法令和公共衛生部分也可從公司準備的資料中得知，更何況勞委會網站上都有公布題庫。因此整張考卷寫下來，我並沒有太過猶豫，而是以從容而不至於大意的心情慢慢完成，在考試結束前十分鐘將答案卷繳了出去。

離開考試會場，我才鬆了一口氣。現在就等學科成績放榜，然後準備明年初的術科考試就行了。離開北護時差不多是十一點多，中午在外頭用過餐後，我騎車回到公司，正巧銜接著繼續工作，一直忙到晚上才回家休息。

一個月後成績揭曉，我果然以還不錯的成績通過了筆試。

接下來，就是準備術科考試了。

不過此時有個難題，術科考試中的洗穿化科目，遺體化粧檢定所需的眞人模特兒必須「自備」，我該到哪裡去找人來擔任我的考試模特兒呢？

回到公司後，我特別去詢問宗賢前輩這件事，想知道他們當初應考時是怎麼解決這個問題的。

「我考的時候，記得是上網花錢請模特兒來幫忙的，大概花了兩三千塊吧！畢竟要請人來當化妝的大體，總要包個比較像樣的紅包給他壓壓驚。」宗賢尋思道。

「差不多都是這個價錢吧！阿偉你呢？」陳哥轉頭問問阿偉，阿偉也點頭表示同意。

「不然你也可以找認識的朋友幫忙，但要他們能夠忍受這件事情才行吧！一般人應該很難能受喔！」阿偉補充說明，很快地又轉頭投入他的工作。由於近期內我上班時數縮減，使得他們的工作量有跳躍性增加的趨勢。

「可惜那天的班表只有你排休，不然我們還可以出個人去幫你當大體……」宗賢翻動著班表遺憾地表示。

就在此時我的手機突然響起，一看居然是家玲小姐打過來的，於是我立刻跑到外頭接電話。

「喂！我是忠翰。」

「考試怎麼樣了？」

「筆試已經通過了，現在就等術科考試。還好之前有認眞念書和上課，有些題目都是考古題裡出寫過的……」可是困擾的是現在找不到洗穿化的人體模特兒啊！

「喔！那眞是恭喜了。」

「是啊，是啊！還要多謝妳之前都陪我念書……」

「其實是你陪我念書吧！那都是你自己的努力才能有這樣的成績。術科考試什麼時候舉行？」

「半個月後，一樣在北護考試呢！」

「到時候也要加油喔！我得先去補習了。」

「嗯嗯……，路上小心。」

「拜拜！」掛上電話，苦惱的問題還是沒解決，這時我靈光一閃，想到之前當兵時的學長李志偉，不如打電話問他看看。

「喂！學長，我是忠翰，在忙嗎？」電話響了三聲學長才接起來，有點模糊的聲音從話筒那頭飄飄然傳來，該不會吵到他了吧？

「剛在睡午覺，今天難得休假居然被你吵醒了，臭小子！眞是有夠會挑時間的。」志偉的聲音慢慢轉成清晰，看來已經完全清醒了。

「學長，歹勢啦！其實我是有事情想拜託你……」

「快說吧！這麼久沒打電話來關心我一下，一打電話就是有事相求，你也眞是無事不登三寶殿哪你。」

「其實是這樣的……」我將術科考試沒有大體模特兒的事跟學長說了。學長沉思了一會兒後才回話：「我查一下那天的班表，你等一下喔！」話筒那一端開始斷斷續續地傳來學長和別人講電話的聲音，大約過了四分多鐘，學長又回到手機旁邊。

「我那天沒有班，就讓我來當你的模特兒吧！」

「眞的嗎？學長……眞是太感謝你了。」想不到學長這麼阿沙力就答應了，這下我最難搞的問題已經解決了，眞是太好了。

「別高興得太早，你自己也要用公司的假人好好練習，要是到時候你出了什麼差錯，我可是不能提醒你的，自己加油吧！」

「是，學長，謝謝！」

「我要回去睡午覺了，拜拜！」志偉學長掛了電話回去睡覺，我則是帶著感動的心情跑回室內。接下來，就是把握時間多練習術科，然後以一百二十分的精神去應考了。

在術科考試僅剩兩個星期的當下，我將所有上班上課之外的空閒時間全部拿來練習，不管是殯葬文書的書寫、洗穿化的實作或者靈堂布置，都以十二分的心力準備。就連值夜時，我都自動把純粹等待的時間用來練習，幾乎發了瘋一般準備著術科考試，只有考試的前一天晚上才好好睡了個覺，爲隔天的考試儲備體力和精神。

當天早上，我和學長約在北護的門口見面，帶著微微緊張的心情，一同走進會場，看著來參加的其他禮儀從業人員，穿著西裝的我們不禁抬頭挺胸，將公司的徽章和名牌高高挺起。

「進去考試時不要緊張，照著平常練習的那樣好好做就可以了，知道嗎？」志偉拍拍我的肩膀給我打氣。

「是，學長。」到了報到處後，服務小姐指示學長先到一旁等待，等輪到我進行化妝考試時，才會廣播叫他出來擔當模特兒。

同一組的考生按著唱名，一一進入密閉考場參加考試，不管是通過者或沒有通過者，都沒有再回到原來等待的房間，讓等著接受測驗的人感到格外緊張。

術科考試的第一關是「殯葬文書實作」，要依抽中題目的背景資料撰寫魂帛、魂幡、碑文、骨灰罐銘文和傳統訃文五種喪葬文書。代表的那名考生抽中了純佛教題目時，我似乎聽到了四周傳來窸窸窣窣的慶賀聲。

我先按照往生者是男性在其背上貼了代表性別的藍色色條，接著按照「生老病死苦」的循環計算字數，再以毛筆書寫，謹慎的完成了整張魂帛。

「時間到，計算分數，請各位到大禮堂準備下一關考試。」我們這組人員便跟著服務小姐前往另外一間受測教室，準備參加下一階段的考試。

第二關是清洗大體、穿衣和化妝的考試，偌大的考場排滿了遺體洗淨、著衣檢定項目所需的假人模特兒，身旁都放有號碼牌標示位置。幾位評分老師則站在一張長桌前，手拿著記分板準備評分，看來他們是負責四處巡視評分的工作。

「張先生，請問你的化妝模特兒是哪位？」服務小姐問道。

「李志偉。」我已經看到志偉學長坐在旁邊的休息區等待，之前同組的考生也都在另一區入座。

第二關的主考官起身宣布考試規則，並請同組考生選出一位代表來抽籤，決定等會要模擬的洗穿化對象是男性還是女性。這次我們這組抽到的是「女性」。

「遺體洗身、穿衣、化妝技能檢定測驗，開始。」主考官一聲令下，所有的考生們紛紛開始動作。

陸續完成以假人當對象的洗身及穿衣測驗後，等待許久的大體模特兒們按照唱名站到考生旁邊，並一一躺上床做好準備。

「不要緊張，照著步驟做就對了。」學長提醒我之後閉上了雙眼，做好扮演人體模特兒的準備。我深吸了一口氣，再次檢查一旁使用的器具是不是都完備了，現在就等主考官一聲令下。

「學長，我們這組抽中的是化女性的妝，所以等一下……」

學長大概已瞭解我接下來要說的話，只白了我一眼，還來不及說話，主考官就開口了。

「第二關的第三階段，女性遺體化妝，計時開始。」主考官再次宣布考試開始，我按照慣例先對著學長假扮的遺體雙手合十一鞠躬，然後按照流程，開始用手指輕輕檢查著頭部是否有外傷或縫線處需要注意。

用棉花蘸化粧水將臉部清潔過後，接著是修剪臉部的毛髮和鬍渣，然後再次擦拭乾淨，打上粉底之後，一一將眼妝、腮紅、口紅等細部處理完成。化妝過程中，學長雖然難忍搔癢而動了一兩下，但還好不影響我化妝的進度，最後梳完頭髮再次進行檢查，待確認一切OK，舉手請主考官過來評分，才終於完成這一關的考試。

「請你稍待，等一下與同組考生跟著服務人員到下一關去，謝謝。」當評分官沒有提出質疑時，我的內心幾乎要吶喊了出來，連日來的練習和準備總算沒有白費，如今只剩下最後一關靈堂布置就可以結束了。我拍拍雙頰重振精神，可不能在這裡鬆懈啊！

「我去洗臉把妝卸了，先到外面等你，出來之後，一定要讓我聽到好消息喔！」志偉學長拍拍我的肩膀走了出去，我向著他比了個大拇指後，跟著服務人員前往下一關的考場。

最後一關是三間房間打通後的場地，考生必須在這個考場內的不同區域，個別進行靈堂布置——三寶架的搭設與拆除工作，只能用術科場地所提供的器材和物件進行搭設，短短四十分鐘要將三寶架、神主牌位、蓮花燭、供品等東西都按照訂位放好，並且經過檢定後，再一一拆除擺放回原位，時間上雖然有點趕，但熟練地按照步驟做也不算難，幾乎所有人都能輕鬆通過這一關。

結束所有的測驗之後，我和學長到外頭用餐慶功。為了感謝學長大力幫忙擔當我的模特兒，我特別挑了一間在天母還不錯的日本料理請學長吃飯，兩個人吃吃喝喝也花了三四千元，才挺著酒足飯飽的肚子各自回家休息。

喪禮服務丙級技術士檢定考試結束之後，我的生活又回到以往的時間表，繼續上班上課以便準備年底的晉升考試，休假時盡量陪家玲小姐出去念書或踏青散心，漸漸地我們兩人也越走越近，能夠感覺到那微小的情愫已經萌芽，就只差一方能夠踏出關鍵的一步，讓我倆脫離這友達以上、戀人未滿的曖昧感。

充實的日子一天天過去，路旁的行道樹從枯黃落葉景象，漸漸地在每根樹梢頂端露出綠意，正式迎接了春天的來臨。四月底，我收到勞委會寄來的掛號信，裡頭裝著我的丙級證照。收到信的那一天，我們在公司舉辦了一場小小慶祝會，家玲小姐買來了宵夜和飲料和大家一起享用，宗賢和阿偉也在一旁取笑逗樂著，享受入冬以來，繁忙工作中的小小悠閒時光（入冬之後死亡人數成等比級數上升，雖然根據公司統計數字這是正常現象，但還是讓人有些難過）。

拿到丙級技術士的證照之後，我也打電話回家跟母親報告好消息。電話那頭母親的肯定和鼓勵就像是一劑強心針，讓我更有衝勁地準備迎接公司舉辦的內部晉升考試。

公司內部的晉升考試會場選在內湖安健醫院的懷德廳，考試當天我特別起了個大早，刷牙盥洗，將一切都打理好，並且換上整齊的西裝和皮鞋，在穿衣鏡前再三檢查服裝儀容之後，我提著公事包出門，準備騎車前往位於內湖的懷德廳。

「考試要加油喔！我相信你可以做到的。」家玲小姐是這麼鼓勵我的，那柔和的表情和溫暖的語調依然停留在我的腦海中。

「冷靜沉著，不要焦急就可以了。」陳哥在昨晚下班前跟我這麼說，然後按照他往常悠哉沉穩的步伐走向廁所準備盥洗。

「你是從我們大山單位出去的，不要辜負了我對你的期望，希望你可以順利晉升成禮儀師啊！」宗賢拍拍我的肩膀，接著回到座位上埋首在他的資料夾中，入冬之後激增的死亡人數，連帶地讓他的工作量增加到不可思議的境界。

冠偉、學長、工作上認識的家屬們、以前當兵時的學長學弟同梯、知道我工作的研究和大學同學也紛紛捎來祝福，祝我順利通過考試，成為一名稱職的禮儀師，並且能為更多需要的家屬服務。

帶著複雜的心情我再次來到安健醫院懷德廳，從我第一次踏入這裡，詢問有關軍中學弟李家銘的事情到現在，已過了快一年，從一名對禮儀師全然陌生的商科畢業生，一路走來，慢慢瞭解這項為人們奉獻的行業，我開始對自己有點信心，相信自己也能幫助更多人。

陳爺爺、廖爺爺、李太太，還有許許多多這半年來所接觸過的案例和家屬們，我都得由衷地跟你們說一聲謝謝，也希望你們祝福我，讓我能在禮儀服務這條路上繼續走下去，繼續為更多的家屬服務，也為更多的往生者服務。

謝謝你們，我會繼續努力的。

14 專業

「是的，文阿姨，是的。我懂您的意思，我們會將您所需要的禮俗資料整理好，到時候連同我們公司的殯葬服務手冊一併拿給您。您後天晚上八點在家嗎？……好的，就晚上八點將資料送到貴府……好的，後天晚上八點見……」文阿姨是陳哥介紹給我的一位長輩，因爲有喪葬禮俗上的需要而與我們聯繫。說起來，也是我成爲禮儀師後的第一件工作。

成爲禮儀師後，我繼續待在大山單位服務，資深的陳哥和阿偉、宗賢也因爲我越來越能進入狀況而感到高興，總算能爲他們分擔一點工作上的重擔了。

「阿翰，你明天休假對不對？」陳哥抬起頭，透過滿滿的文件資料夾縫隙向我詢問著。

「是啊！連續工作了十幾天，難得可以休息一下了。」伸了個懶腰，我繼續整理資料，答應文阿姨的東西我得趁明天休假時去一趟圖書館，有許多書得查看。

「那你明天要不要跟我這位老人家出去一趟，你還得準備文阿姨的資料吧？」

「陳哥明天也休息嗎？」

「沒錯！所以白天你就陪陪我這個老人家，晚上再和女朋友約會去吧！」陳哥說笑之餘不忘消遣我，於是就這麼訂了明天九點在大山單位附近的咖啡廳碰頭。

「記得把要查詢的資料都帶著，明天可不是出來喝茶聊天的喔！」陳哥不忘提醒我，然後又各自埋首於工作之中。

隔天我特地起了個大早，趁著朝陽剛升起到附近公園散步。微涼的空氣在鼻腔與體內流轉著，將一夜的睏倦都趕跑，換上精神抖擻的全新氣息。一大早來這運動的爺爺奶奶們，分別做著外丹功、甩手、打太極拳等運動，或者就只是繞著公園走路，每個人臉上都有著一股幸福表情。

「還是早上的空氣最清新舒服了。」邊走路邊做深呼吸，很快地身上已經開始發熱流汗，幾名路過的阿姨叔叔跟我打招呼，原來是之前服務過的一些家屬和朋友。

「阿翰，早安！這麼早就起來運動啊？」

「李伯伯早！陳奶奶早！」

「現在早起的年輕人不多了，你可要常來運動陪我們哪！」

告別了幾位家屬，我回家稍作梳洗後，換上清爽的衣服，並將準備好的資料全都檢查一遍，帶著輕鬆愉快的心情前往咖啡廳準備和陳哥會合。

早上八點多的民生社區正熱鬧，買菜的媽媽、等待公車的上班族、來回閒逛的人們在路上走來走去，就連一旁的計程車也散發著充滿活力的氣氛，走在這樣的地方，讓每個人都露出了微笑。

現在做的工作，也是爲了讓人們能露出微笑的工作呢！

「阿翰，你提早到了。」陳哥從一旁走了出來，手上也提著一大疊資料。即使是放假，依然西裝筆挺，莫非陳哥今天還有別的工作。

「今天晚上我還要去拜訪一位老客戶，所以穿了西裝出來。」陳哥注意到我在打量他，於是自己先行解釋了。

「我們趕快進去吧！今天得花點時間好好研究研究呢！」陳哥率先打開咖啡廳大門，走到吧檯前，看了看牆面燈板上五花八門的餐點組合，兩人各自點了拿鐵及招牌咖啡和兩份不同口味的蛋糕，上二樓找了個靠窗的位置坐定。

「我們開始今天的工作吧！」窗外的陽光灑在陳哥的臉上，整個人看起來容光煥發，顯得十分有精神。

「好的。」我從公事包裡頭拿出一疊需要整理的資料，攤在寬廣的四人桌上疊成了一座小山；陳哥打開筆記型電腦，叫出一個標題爲「治喪簡報」的檔案，並把一份份資料分門別類排了起來，一邊整理還一邊自言自語。

「禮的功能……社會意義……嗯……好，這個已經有了……」翻著翻著，陳哥拿出一張表格交給我：「先從這張開始吧！葬法的各種形式。」

「好的，我把資料抄寫上去。」接過表格，我翻開書本和資料夾，一邊默念一邊將資料謄寫上去。

「首先，要站在生死教育的立場，讓家屬或一般消費者明確的瞭解，『禮』是一種生活原則，它具有規範身心、調節欲望、引導人生、移風易俗等功能。而就喪葬儀式來說，它對於亡者、喪親者及整個社會都具有相當的教化功能，這邊有我以前上殯葬研習班的講義，你可以參考一下這篇論述，我個人很認同這樣的分析。」

陳哥隨即取出一本講義給我，並指出他要我看的地方（參見**附錄一**）。

哇！整份講義不但有研習班講師們所提供的講授內容大綱，還有許多陳哥自己的註記，看來陳哥對於殯葬禮儀的知識可是下過一番苦工的。當這樣想著時，陳哥已等不著開講起來。

「而『禮』的構成要素則包含了『禮義』、『禮儀』及『禮器』三者，你看一下這個圖。」

陳哥將講義往後翻了兩頁，用筆指出一個類似加法的算式圖：

禮
＝禮義
＋禮儀
＋禮器

「所謂的『禮義』是指執行這個禮的意義，也就是去瞭解爲何要執行這個禮，例如爲何要舉辦引魂、守靈、做七、告別奠禮等儀式，在承辦喪禮時，我們必須將這些儀節的意義向喪家及其親屬說明清楚，否則家屬會有一種被呼來喚去的感覺，好像自己是個傀儡，當他們產生這樣的感受時，對於我們所提供的服務自然就會打折扣了。要記得，身爲一名『禮儀師』，你必須將『禮義』很清楚而且正確地傳達給客戶，否則頂多只能稱得上是一名『喪葬代辦工』而已。」

陳哥說得理直氣壯，我也點點頭表達我對陳哥這番解讀的認同。

「『禮儀』是指執行這個禮的儀節流程，包含了人、事、時、地、物的細節安排與執行程序，就像在告別奠禮的流程安排中，家奠禮的各個階段是由誰負責奠拜、什麼時候拜、如何拜等等；『禮器』則是指執行這個禮儀時所需要用到的設備及用品，或是具體的象徵，比如說引魂時要準備招魂旛、神主牌位、祭品、一炷香及兩枚銅板等等，就是所謂的禮器……」

聽陳哥說到這邊，我提出一個在我心中存在已久的疑惑。

「抱歉！陳哥，我插一下話。我們常常說『禮俗』、『禮俗』的，請問『禮』與『俗』有何不同？」

陳哥對於我提出這樣的問題先是愣了一下，隨後露出得意的笑容說道：「阿翰，你很不簡單唷！提出這樣的大哉問，還好我平時有在做功課，這個問題難不倒我。你看這個表，這是學者以學理來分析的『禮』與『俗』的差異……」（參見**附錄二**）

「阿翰，我先問你一個問題：以你目前對台灣地區殯葬服務的認知來看，你覺得身爲禮儀師，你的服務對象是誰？」

我不假思索地回答道：「我覺得是亡者的家屬，也就是你說的喪親者……」

「爲什麼你覺得是喪親者？」

「因爲我覺得亡者已經沒有知覺了，基本上已經無法體驗我們所提供的服務，而且喪禮的細節都是由家屬決定，錢也是他們付的，就服務與費用的對價關係來看，我們只是提供服務給家屬。」

「阿翰，那我問你：如果我們所面對的亡者在身故之前就已購買公司生前契約，那你說，我們的服務對象是亡者還是家屬？」

聽完陳哥的問題，我一時呆住了，完全不曉得如何回應。

「阿翰，如果就一個承辦禮儀服務的新手來說，你的看法並不是錯的，但請你想想，用自己的服務心態去揣摩接下來我所講的比較案例。甲案的禮儀師只把付錢的客戶放在眼裡，完全把亡者當作一個沒有生命的『物』；而乙案的禮儀師不但會傾聽所有客戶的聲音，還會從亡者的遺物、家屬在悲傷情境下透露出對亡者的回顧點滴之中，找出亡者的生命特色與個性，並且將亡者放在『他還活著』的位置上加以對待，你覺得哪位才夠資格稱得上是禮儀師？哪位才能讓家屬在不受到二次傷害的情形下，透過喪禮過程得到心靈上的撫慰，以及從至親死亡所導致的失落感中釋懷？」

「當然是乙案的禮儀師嘍！」我馬上脫口回答陳哥，因爲成爲那樣的禮儀師才是我進入殯葬服務業的目標。

「阿翰，你要深牢牢住這一點，這樣你才能把我所講的殯葬專業知識內化爲讓逝者放心、讓活者安心的服務，並且不會因爲個案的身分地位、社會背景、消費能力而有所差異，都可以將每件個案以『客製化的喪禮』、『獨一無二的喪禮』來畫下圓滿的句點。」

我點頭如搗蒜般的肯定陳哥的話。

陳哥將講義翻到另一頁並指著一張簡報繼續講述：「這張簡報內容清楚點出了我們公司所培訓的現代禮儀師所要服務的對象，其實包含著亡者與喪親者（參見**附錄三**），這和傳統的土公仔、殮工以處理亡者大體為服務主體，以及其他以商業目的為服務導向，連大體都不碰或不敢碰的殯葬公司所屬禮儀師，是截然不同的。」

「前面我所說的絕不是理想或是理論而已，因為在殯葬實務上，殯葬之『禮』也是指以亡者及喪親者為服務執行對象。你看這張治喪簡報的投影片……」陳哥以眼神引導我將焦點移到筆記型電腦中一張投影片上，並以滑鼠指標分別停在「緣」、「殮」、「殯」、「葬」、「續」各字眼上（參見**附錄四**）。

「『緣』、『殮』、『殯』、『葬』、『續』五個字，可說是台灣地區現代化殯葬禮儀流程的縮影，你仔細看這五個字的個別定義解說……」陳哥將滑鼠指標停留在投影片下方的定義解說上。

「從這些定義中，你可以很清楚的瞭解到，我們公司所提供的這套現代化殯葬禮儀服務對象包含了亡者及喪親者，而且服務的時間點已經跳脫了傳統的殮、殯、葬程序，往前往後都有各自的延伸。」

「我希望你要珍惜並感恩，慶幸自己進入我們公司從事殯葬服務，而不是其他殯葬

公司或葬儀社，因爲你會慢慢體會到，在公司的服務體系中，你才能在重要時刻與臨終病患的家屬，甚至於他本人，接觸到死亡規劃，在第一時間讓他們安心、放心，並且有機會親自爲亡者提供洗、穿、化的服務，讓他擁有最美、最俊帥的容顏與最乾淨的身體前往另一個國度，這可是在其他葬儀社、小型禮儀公司，以及以生前契約履約服務爲主的業者體系中無法體驗到的。」

聽了陳哥這番話，我的心受到了震撼，此刻我感覺得到陳哥和我是有著相同的從業動機才步入這行的。

陳哥做了一次深呼吸後接著說：「接下來我們講『俗』這個字。所謂『俗』，就是我們常跟客戶講的『殯葬風俗』，其實已將宗教信仰、宗族內部規範、地區習慣、社會經濟因素，甚至行銷包裝手法均涵蓋其中，身爲禮儀師的我們，要深入瞭解這些因素形成的背後緣由、歷史演變及儀節做法，並且站在提供客戶『選擇權』的立場，讓客戶知道他們可以從這些『殯葬風俗』中，挑選他們相信或是有個別意義的儀節，納入亡者的喪禮規劃之中，而不是以隱性的口語威脅手法，告訴客戶『一定要做這些習俗儀式』、『不做會產生什麼後果』……」

「這就是現代禮儀師與傳統葬儀社、土公仔在服務上的最大不同。而且我們公司所講究的『客製化喪禮』，像追思光碟、追思走廊、客製化簽名軸、客製化遺像放大圖等，以及由我們公司發揚光大的禮體淨身服務，都是以『禮』爲根基所發展出來的服務內容，是可以帶給喪親者溫馨、値得回憶的正向經驗，而且可以補強在神祕色彩包覆之下的做七、做功德，以及其他地區性殯葬風俗儀節所欠缺的『感恩』與『祝福』元素……」

「擁有這些觀念並且落實在治喪服務過程中的禮儀師，才能爲亡者及其家屬提供一場獨一無二的喪禮，並且協助喪親者在經驗過『盡哀』歷程之後，找到新的心靈支持力量，在逐漸『節哀』的過程中，有勇氣面對新的生活。這也才是喪禮的悲傷撫慰本質。」

接著陳哥以帶點幽默的語氣對我說：「所以你要記得，『俗』是嘴巴講出來、創造出來的，每個人對『俗』的認知都不同。『俗』的儀節雖然是禮儀師應該要知道並且要會規劃、操作的，但千萬不可將這些『俗』的儀節視爲是喪禮的主體或全部，而把它強加在亡者或喪親者身上，不然你和那些傳統的技術性土公仔，或是上午穿上法袍誦佛經、中午著黑色西裝站禮生、下午穿牧師服證道的掙錢人工沒什麼兩樣，隨時都可以被取代。」

「目前對於大體或遺骸的主要處理方法有：火化後放在塔位內的塔葬、置入墓穴的穴葬，以及講求環保與生命循環的灑葬或海葬、植葬等，和現在比較少見的土葬。」

「另外，近幾年新推出的葬法也要寫進去，像是樂水葬、太空葬、冰葬，還有壁葬這些也不要忘記了。這些葬法的執行內容是……」接著，陳哥針對不同葬法的執行細節與方法一一陳述道。

我先將各個條目都塡好，再將內容也補上。

「先從土葬開始吧！畢竟這是我們傳統上最常遇到的方式。」

「……將往生者以棺木收納後，請地理師或師公尋找墓，配合往生者的生辰八字等來訂購墓碑，然後挖壙、入壙，最後是完墳謝土。」

「土葬因立有墓碑、保有墓地，因此後人掃墓祭拜都有明確的去處，在愼終追遠上一直都有其優勢。」陳哥補充道，接著翻到火化這一頁。

「火化之後再行處理，先把火化的步驟寫上去吧！」

「火化的幾個步驟：檢查並移除往生者身上的珠寶、首飾、心律調整器等並歸還給家屬，以免燃燒時不小心爆炸或毀壞；接著，將往生者的棺木推入火葬爐中，請工人點燃火爐以高溫燃燒大體……」我也一邊抄寫一邊記憶著，再次複習工作時必須熟習的知識。

「火化結束後，操作工人會將骨骸集中，如果屬於環保葬的對象，還需要使用骨灰研磨器將骨骸磨成骨灰粉，並將遺落的物品集中處理，最後將這些骨骸或骨灰放入骨灰罐或環保容器裝好交給家屬……」

「將各種火化後的埋葬方式註明一下吧！」陳哥說。

「塔葬，將骨灰放入骨灰罈後送往納骨塔。由於納骨塔多半建造於佛寺或墓園內，因此家屬前往祭拜憑弔時不須翻越雜草叢找墳墓，相對來說比較便利。土葬多年的遺體有時家屬會請撿骨師撿骨後另行二次火化，再轉往納骨塔存放，這叫做『撿金』或稱『啓攢』。」

「嗯……接著是穴葬。」陳哥喝了一口咖啡，將資料翻過一頁。

「將納骨塔換成墓穴，跟土葬一樣會先請風水師尋找適當墓穴；也有在墓地上設置家族共用的陵墓作爲安置骨灰罈之用，有設計成山丘型的，現在一些墓園業者也設有平面式的……」

「接下來是灑葬，由親人選擇良辰吉時，乘船將骨灰罈或裝有骨灰粉的環保容器載至離海岸一定距離處，進行儀式之後，由親人將骨灰灑至海裡。目前台灣有北北桃縣市聯合海葬、高雄聯合海葬兩個由官方提供定期性舉辦的免費海葬活動；有些家屬則會自費租船出海進行骨灰拋灑。」

「嗯……我看一下有沒有寫錯。」陳哥接過表格檢查了一下後遞回來，示意我繼續抄寫下一段：「植葬」。

「植葬是近年來因綠能概念盛行而再次被推崇的葬法，就是將往生者的骨灰以環保材質製成的容器或紙袋收藏，然後挖一深墓穴將骨灰罐埋入並在上面植樹，或在已種有植物的旁邊挖穴後埋入骨灰容器，一段時日後即能完全將容器分解，讓骨灰回歸自然。」

「不過，因爲這類葬法會使親人的寄託感下降許多，所以在台灣還不是很盛行，但相信未來會是個趨勢。執行時不妨建議家屬，在尙未完全接受自然葬法前，先將骨灰放在塔位中，待心中對亡者的掛念放下到一定程度，想了卻亡者的心願時，再來執行自然葬。」陳哥下了註腳，發現熱咖啡已經喝光，於是請服務小姐爲我們續杯。

「最後是高科技太空葬、藥水葬和冰葬。」我伸了個懶腰，繼續抄寫整理的工作：「太空葬是近年來特別引人注目的一種葬法，即將往生者二十公克左右的骨灰放進特殊膠囊內，搭乘火箭送上太空並導入地球軌道，繞行地球一到兩年後，膠囊會自然進入大氣層，在大氣層的高溫燃燒中消失得無影無蹤。」

「藥水葬即是將往生者大體浸入強酸或強鹼液體中使之完全溶解。不過這得注意藥液的後續處理，要是外流，很有可能會污染環境。」

「冰葬，別忘了它分兩種喔！」陳哥一手抓起眼前的蛋糕品嘗了一口，點點頭露出滿意的表情。

「一種稱之爲自然冷凍法或雪葬，就是將人體保存在極地氣候區的永久凍土層中；另一種則是將往生者大體置入低溫液態氮中瞬間冷凍結晶，接著以超音波震盪將大體震碎，置入已將空氣、水氣及雜質抽出的眞空容器中，最後蒐集純粹的骨灰結晶完整歸還給家屬，可以收藏於精美的透明骨灰容器中保存。」陳哥說完後起身前往盥洗室。而我寫到這，終於將各式葬法整理了個大概，我也拿塊蛋糕品嘗了一下，稍做休息再繼續其他工作。

「葬法部分差不多完成了，接下來要做哪個部分呢？」陳哥從洗手間出來並檢查我抄寫的資料，接著又繼續翻找那一疊小山。

「來研究一下現代喪禮的意義如何？」陳哥提議，我點頭表示贊同。由於最近看了公司新推出的電視廣告，對於喪禮的意義有了另外一層體悟，現在討論這個議題應該滿適合的。

還記得那天是休假日，難得在家看書休息的我轉開電視打發時間，原本打算看看Discovery或者旅遊頻道，轉台時恰巧看到我們公司新的電視CF廣告：畫面上先是出現一名小女孩，悠閒地趴在地上畫畫，那用蠟筆塗鴉而成的，是一張微笑著的老人面孔。

接著，畫面帶過一個接一個的人：小夫妻、孫女、老伴、朋友、同袍，每個人都對著鏡頭說出祝福的話，不論是報告自己的近況、孫子將要出生、最近在看房子，甚至是問有沒有在下棋，以後上了天堂要檢定一下棋技有沒有進步等等。每一句話都帶著令人感動的暖意，就好像亡者一直都在我們身邊陪伴著這些親友一樣。

這一連串畫面讓我深深感覺到，公司這次的CF廣告主題「量身訂製——你的祝福、他的願望」（參見附錄五）所要傳達的「讓親友在喪禮過程中給予亡者深深的『祝福』」。這種意境的表達，不但延續了上次的冰淇淋篇CF廣告主題：「用你想要的方式道別——量身訂製　人生最後夢想」所塑造的客製化喪禮規劃理念，而且跳脫了過去十餘年來，台灣地區各大殯葬業者CF廣告的「悲情」訴求，充滿了追憶亡者的溫馨感與對未來的希望感。

「喪禮的意義其實是有很多層面的，不管是在社會性或者針對喪家內部的關係等，都是相當重要的部分。」陳哥的聲音將我從回憶中拉回，我看著眼前的資料，開始著手抄寫。

「阿翰，你記得是哪五點嗎？」

「盡哀、報恩、養生送死的禮節、教孝功能、族群整合與關係改變認知。這些和你剛才所說的『喪禮的功能』有些相似。」

我扳著手指頭數著，想起之前志偉學長在小籠包店跟我說的那些事情

「沒錯！喪禮的功能是奠基在喪禮的意義之上的。盡哀，是讓家屬在守喪期間盡情地釋放哀傷。古早時街坊鄰居們會出來幫忙做生活上的各種雜事，讓家屬能夠專心地懷念和往生者的一些過往記憶。」

「報恩，感謝父母從小到大的養育之恩；養生送死的禮節，則是說辦理喪事和養育後代一樣都有固定的禮節要遵守。」陳哥點點頭，示意我繼續講下去。

「教孝，屬於社會性的功能，有提醒來參加喪禮的親朋好友們要把握時光，以免發生『樹欲靜而風不止，子欲養而親不待』的遺憾。」我喝了口熱咖啡，接著繼續說：「最後則是族群整合與關係改變認知，因爲每場喪禮多半都會改變一個家庭的關係，因此如長子、長孫或者家中有能力者就必須出面扛起一個家，並讓這個家更好。」

「當族譜上的一個名字被寫上『歿』之後，家族中的人能否更加團結、更加友愛，這場喪禮有著相當重要的聯繫作用。」陳哥也喝了一口咖啡，臉上出現深邃的表情，只見陳哥若有所思地望向窗外，似乎在回想著什麼。

「吔！不知不覺已經快中午了，不如叫個午餐吃，休息一下吧！」陳哥突然回過神來，從桌上抽出點菜單。研究了一會兒後，我們兩人各自點了無錫排骨套餐和桃香燻雞腿。

當我正要掏錢付帳時，陳哥搶過菜單先跑到櫃檯，回來時拍拍我的肩膀說：「這餐我請你，你把錢留著晚上請小姐吃飯吧！也算是謝謝你今天陪我這個老頭吃飯。」

「這怎麼好意思呢？讓您破費了。」謝過陳哥之後，我收起錢包，暗自決定晚上和家玲小姐出去時要買些什麼，明天好帶去公司請大家吃。

稍候一下我們的餐點就來了，這時我才發現一整個早上的努力工作，的確讓人飢腸轆轆，於是兩人毫不客套就這麼吃了起來，很快兩人都酒足飯飽，重新充電之後，下午依然充滿活力。

「吃飽了，再來繼續努力吧！」補充完體力，各自發了十幾分鐘呆，我和陳哥再次面對桌上的那疊小山，經過早上一番研究，小山已有變矮的跡象，不過仍有很多資料要要整理和抄寫。

「接下來研究喪禮的財務規劃辦法吧！這在整場喪禮的籌備中也具有相當重要的地位。」陳哥抽出另外一張表格交給我。深吸一口氣後，我接過表格準備開始。

「首先我們得讓喪家瞭解，喪禮上可能需要支出的部分。當然，這些支出項目都是公開透明的，公司在進行任何服務之前，如果是需要收費的，必須先跟家屬溝通並且獲得認可才行。」陳哥開始說明，我則邊聽邊做筆記，並將重點填入表格中。

「當我們與家屬協調治喪事宜時，一定要讓家屬清楚的知道我們收費的各項明細。你記得我們單位裡都有貼單子，上面有各種清楚且公開的資訊，所有的收費標準都是按照上面所寫的。」

「是，就在治喪協調室的外面。」我將重點抄上，特別註明價格公開透明。

「不管是接體、助念、冰存、豎靈、拜飯，或者是殯禮的安排，或者葬禮的場地布置，各種物品的更添如靈罐、棺木或者壽衣壽袍，所有的收費都要清楚地告訴家屬，讓他們能瞭解所有事情。」

「更添的意思要寫上去嗎？」

「寫上去好了，更換或添加。」陳哥點頭表示同意，接著喝了口咖啡潤潤喉。

「那麼，要如何引導家屬來規劃喪禮的財務呢？」

「首先，我們必須透過與家屬的互動，來評估家屬打算花多少錢舉辦這場喪禮，並且要知道整個家族的長者們對這場喪禮有什麼指導，畢竟長輩們在家族中的地位相當高，一定要尊重他們。」

「其實是要讓大家都能團結起來，一起把這場喪禮辦好嗎？」

「對，不管怎麼說，喪禮的一切都是喪家相關家族的事。」

「如果能讓家族成員間都團結一致，很多事情的確都能迎刃而解。」

「確實如此。」陳哥喝了口咖啡，人往後靠撐在椅背上。

「對了，在承接個案時一定要記得一件事，你得準確地瞭解這場喪事的主事者是誰，通常這樣的人才能在定案時有最大的決定權。」

「好的。」我將這點記在表格後。這時，我突然想起一個之前的案件：「陳哥，之前有個個案家裡經濟能力不太理想，必須四處借貸來為親人辦喪禮，這樣的狀況我們該如何處理？」

「如果是這樣，我們應主動爲他們洽詢社會上的各種接濟方案，這樣多少能減輕案主的經濟壓力。」

「嗯……其實公司也有提供很多幫助與接濟方案，這些方案一定要讓有需要的家屬知道。」

「我們在幫喪家做財務規劃時，幾個常見的注意事項你也寫上去吧！」陳哥指著表格上的欄位，繼續念著注意事項。

財務規劃的注意事項

是否有簽署生前契約

瞭解家屬經濟狀況

確認喪事主事者

確認基本方案內容

確認是否需要更添

凡是任何更添的內容及費用，都要讓家屬明白並取得同意

……

經過一番努力，終於結束了關於喪禮財務規劃的部分，看著那一疊小山，我不禁覺得時間過得有點快。看了看窗外，似乎有種天氣漸冷的感覺，於是我和陳哥互看一眼，擊掌慶賀，乾了杯中的咖啡。

「請服務生來幫我們加滿，眞的有點疲勞呢！」陳哥伸了伸懶腰，起身走向盥洗室。

「不好意思，麻煩幫我們加一下咖啡。」我舉手招來服務生，然後坐在位子上將雙手往上拉直，舒展一下僵硬的腰部。

陳哥回來後，我們休息了一會兒，稍微閒聊後準備繼續工作：「時間也差不多了，我們來進行最後的部分吧！」陳哥看了看手錶，已經四點半了，窗外的陽光減弱許多，彷彿已快要沉入都市中。

「最後的部分是……」我揉揉肩膀，放鬆一下手腕，終於到了最後一個部分。

「這個部分最難談了，我們要謹慎點才行。」陳哥閉上雙眼，做了個深呼吸，然後張開眼睛說：「現在就把宗教信仰的部分整理整理吧！」

「宗教究竟在喪禮中有什麼樣的作用呢？」陳哥首先對我提出這個問題要我思考。

「宗教嘛……」工作了這麼久，我還是第一次這麼認眞思考。

「這麼說好了，宗教能幫助家屬們什麼？宗教能爲往生者做些什麼？」陳哥繼續深入這個問題，引導我尋找這近乎大哉問的題目。

我努力擠出一些我目前所獲得的知識，「宗教……能夠處理我們所不能處理的事情，例如殯葬業者藉由洗穿化、冰存大體、火化、土葬等來協助家屬，在有關大體的生理上是相當有幫助的。而……宗教，則是處理像是靈魂、精神這方面的吧！」

「可以這麼說沒錯，舉個例子：佛教或台灣民間信仰中的助念儀式，就可以幫助往生者的靈魂在脫離肉體時減輕痛苦，使其回到天上或者西方世界。」陳哥看了我的筆記進度後繼續說：「所有的宗教其實都是爲了要解釋『死亡』而存在的，你先記下這張講義的內容……」（參見**附錄六**）

「什麼叫『助念』？佛教有所謂中陰身的概念，人在死後會經歷中陰身階段，使靈魂脫離肉體，而這個過程是非常痛苦的，因此親人們在往生者的身邊陪伴他，爲他進行念誦儀式，讓往生者的聽識，也就是聽覺在消失前，由親人們在旁邊提醒他持心正念，跟著念誦經文，這樣就能幫助他減輕中陰身階段脫離的痛苦。」

「而且在助念過程中，能讓家屬們齊聚在往生者身邊，也能團結家屬們的心情，比較不會胡思亂想。」

「沒錯！」陳哥點點頭，接著又說：「宗教的起源以萬物皆有靈魂爲起點，畢竟在遠古時代人們對自然界並不瞭解，因此產生了宗教和神話傳說等來解釋這些自然現象，藉由舉行各種儀式來期許獲得自然界的祝福和幫助。」

「而對於生死的認知與處理，就演變成現今的各種儀式和經文，對嗎？」

「對，這些是必然的。祭拜祖先、尊敬鬼神本來就是我國的傳統，多數宗教也都相信有死後世界的存在，並且認爲人死後可以透過儀式來引導、幫助他們的靈魂，當他們前往生命的另一個境界時，可以更順利、更安詳。」

陳哥一邊說我一邊抄寫著，幾乎沒有時間搭話。

「因爲台灣民間信仰和佛教、道教相結合，再加上基督教、回教等西方宗教也在台灣落地生根，因此我們的殯葬儀式也算比較多元化。再舉個例子來說，我問你：爲什麼要『做七』？」

「做七是爲了不讓往生者的魂魄四處飄散，而能凝聚在一起。」我想起之前看過的道教書冊回答道。

「可以這麼說沒錯，因爲道教的觀念中人有三魂七魄，而每七天就會散去一魄，因此藉由做七的儀式，以道法來凝集這些散去的魂魄，不讓它們無所依歸。到了七七四十九天時，就能讓亡者的靈魂飛升仙界。」

「佛教好像也會做這樣的儀式呢？」

「沒錯！佛教對於做七的意義闡述主要來自於《地藏經》，因爲在《地藏經》中相當提倡孝親思想和慎終追遠，因此這部經典被視爲是超渡亡親的不二法門。其中《地藏經》卷下《利益存亡品》中記載：『若能更爲身死之後，七七日內，廣造衆善，能使是諸衆生永離惡道，得生人天受勝妙樂……；七七日內，念念之間，望諸骨肉眷屬與造福力救拔，過是日後，隨業受報……』這段經文說明了人在往生後的七七四十九天內，亡者的親屬眷屬必須把握時間，及時爲亡者祈福超渡，過了四十九天之後，亡魂即會隨業受報轉生而去了。但是……道教的做七儀式結構，是採取『過十個王關』的概念，也就是我們民間常說的『十殿』。而且這樣的儀式應該稱爲『做旬』，時間是以十日爲一旬；『做七』是佛教的稱法，是每七天做一次法事，而且就是七個關卡，只是我們台灣的民間信仰已經把兩者混爲一談了。在實務做法上，除了頭七，也就是要求在亡者往生後第六天晚上或第七天清晨做頭七法事，其他六個七，爲了因應工商社會與都市化現代人的需求，大都已不再遵照每七天做一次法事的規則，算是一種方便法門吧……你看這張公司治喪簡報的內容……」（參見**附錄七**）

陳哥搜尋到一張「各七別之主事親屬表」的簡報，隨即開口說。

「台灣民間信仰目前大都是以這張簡報的內容，來說明每個七的關主與應該參與儀式的主事親屬。」

「喔……原來有這層演變關係，難怪與我之前蒐集的宗教經典陳述不一樣，有點對不上……」

「其實不論佛教好、道教或是台灣民間信仰，只要能幫助往生者，也能讓喪親者寬心，不都是好的嗎？雖然我們並不知道往生者在這樣的儀式之後能不能眞的獲得幫助，但藉由擲筊、藉由我們相信這件事，就能讓在世的家屬們得到撫慰悲傷的效果，這樣不是很好嗎？」陳哥笑了笑說。

「陳哥，那佛教的助念，有什麼特別要注意的事嗎？」

「目前在台灣地區，對於有佛教或是傳統民間信仰的民衆而言，助念是很重要的儀式，一般而言會進行八個小時，而在這八小時當中，往生者處於中陰身的過渡階段，此時往生者的聽力依然是有覺知的，這時家屬或其他人若能持續地念佛持咒回向，就可以幫助亡者具足正念，往生無上清境佛國。」陳哥接著說：「佛教的做七也有幫助亡者消除罪障、得生善道、脫離六道輪迴的意思在。」

「不管是哪個宗教，都是爲了勸人向善、關照我們人類所看不到的世界呢！如果沒有這些宗教的幫助，大家在碰到科學無法解釋的事情時一定手足無措，不知該如何是好吧！」我感嘆的說了一句，對於宗教的敬意又提升了一層。

「因此我們身爲殯葬從業人員，對於各種宗教與風俗習慣都要抱持著尊敬與包容的態度，並且全心全意去學習、去瞭解，將這些知識都運用在幫助喪親者與亡者上，讓整個殯葬服務的各個環節都能對亡者、喪親者產生意義，這樣的喪禮規劃才能算是『專業』、『PRO』級的。」陳哥認眞地下了結論。

接下來陳哥很認眞的傾聽我的疑惑，並很有耐心的爲我解釋，陳哥這等神情，讓我不禁在內心讚嘆「他眞是專業中的專業」，也難怪他所服務的所有家屬，不但在我們面前讚譽他，還會主動上公司網站留言感謝，或是寫封眞情流露的信函向公司表達感謝之意。

陳哥在進行解說時，除了紙本講義的內容，還充分運用了筆記型電腦中的儲存資料，其資料之多、分類之細，眞讓我嘆爲觀止！其他禮儀師會稱他爲「標竿禮儀師」或「禮儀大師」眞不爲過。在瀏覽過程中，電腦上出現了一個標題「人生最後一章　規劃書」的檔案，我眼睛爲之一亮。

「陳哥，這個檔案是什麼內容，好酷的標題唷！喔……陳哥，你暗藏撇步，對不對……」

我語氣還沒停歇，陳哥就以斜眼將冷箭射向我，讓我不得不把尾音縮起來。

「你嘛幫幫忙，什麼暗藏撇步，是你自己不用心好不好！這可是我多年功力所匯集而成的精華……」難得聽到陳哥以那麼狂傲的口氣說話。

陳哥因這次逮到機會調侃我而露出奸笑。

「不是啦！這是我自己設計的預先商談規劃書，因爲有些臨終者或是他們的家屬希望人在往生前就先做好準備，但對於購買公司生前契約的意願不高，或是無法評估臨終者本人的身體健康狀況能撐多久，因此不方便正式的爲他量身規劃時，我通常會以這個溫馨版的規劃書與他們商談，效果很不錯喔！在預先商談時用這一招，臨終者或家屬通常很快就會打開心房與我暢談他們的想法，而且透過這份規劃書的逐項解說，也可以展現我的專業度，同時瞭解他們的生命故事。」（參見**附錄八**）

我一面雙手作揖，一面驚歎道：「哇塞！這招好厲害，眞的是喪禮量身訂製的最高功力，晚生佩服，佩服！」

「哈！本大俠値得你佩服的地方還多得是呢，小張子，請平身！」陳哥可眞得意起來了。

「好了啦！陳哥，你也快教教我如何運用這個規劃書和客戶商談，如何才能和客戶快速的成爲一家人。」

「當然好，我是不會藏私的，尤其讓你這位優秀的徒弟可以得到我的眞傳，你快點運功吧！讓我打通你的任督二脈。」

經過一番努力，終於在五點半左右，將大部分資料整理完畢，陳哥趕得上拜訪客戶，我也能即時聯絡家玲小姐約好晚餐時間，兩人都很順利，真是太好了。

「這些整理好的資料我先拿去複印了，明天我就送給文小姐，看有什麼需要改動的，我們再研究吧！」陳哥將資料蒐集好放到包包中，我則把剩下的紙張書本收好，塞進公事包。

「陳哥辛苦了，我先回去放東西再去接家玲小姐了。」

「不會，你才辛苦呢！」陳哥拍拍我的肩膀笑著說：「好好對待那位小姐，她可是相當好的一位姑娘，別辜負了人家。」

「是，我會努力的。」

「那我走啦！拜拜。」陳哥微笑著轉身離開，很快地消失在街角。

15 初衷

人在忙碌，日子總是過得特別快。轉眼間，晉升成爲獨立承辦治喪事宜的禮儀師已經半年了，在這段期間，服務過的家屬也已經累積到六十組以上了，我也從大山單位調任到安健醫院懷德廳這個大單位。

雖然與家玲小姐的感情發展很穩定，父母親對我從事殯葬服務工作，已經從反對變成全力支持，但工作上的成就感，有時卻會不經意地被長期的體力與腦力付出所導致的無力感所埋沒。單位主管與資深禮儀師學長們不愧是身經百戰的生命擺渡者，提供給我一個祕方，要我遇到瓶頸時一定要沉澱一下，並且找出一個再次喚醒「初衷」的方法。經過幾次試驗，身爲視覺型感受者的我，發現閱讀或撰寫生命體驗就是喚醒我「初衷」能量的最好方法。我也藉由這些生命體驗，協助了幾位新進學弟找到正確的從業態度。

例如這篇〈野薑花之戀〉，就是間接促使我踏進殯葬服務業的初衷。

野薑花之戀

他對她的愛不在言語中。

這是一篇真實故事，故事中敘述的喪禮就發生在元月二十六日台灣失落關懷與諮商協會所舉辦的園藝治療工作坊之後一周。我嘗試將個人在工作坊中所體會到的園藝治療設計與關係連結技巧，運用在喪禮設計上，沒想到卻不經意的感動一群人，更讓一位在子女眼中從來沒有表露過情感的男性喪偶者在瞻仰遺容儀式時，擁抱死者痛哭。

簡先生是位相當有威嚴、高度自我要求且表裡相當一致的人。從第一次在三總安寧病房家屬休息區與他接觸，洽談簡夫人身後事處理事宜開始，就像他三位子女所說的一樣，在他臉上除了嚴肅以外，一直找不到其他的表情。

在最後一次追思光碟製作的訪談過程中，簡先生唯一的一位女兒私底下近似抱怨地竊竊說道：「媽媽好喜歡野薑花，但是從來沒看過爸爸送過媽媽。」不經意的一句話，卻是這次訪談中，最為我所牢記的。

喪禮的家、公奠禮很平順的完成，追思光碟的播放也一如預期的讓所有喪家眷

屬及觀禮來賓來不及拿面紙拭淚，除了簡先生還是一臉嚴肅以外。按照流程，接下來即將舉行瞻仰遺容及封棺儀式。當簡先生帶頭率領家眷繞到禮堂後方停棺區時，他駐足在通道口許久，已阻礙到家眷的進入，子女三人以為父親身體不舒服，匆忙趕到前頭探詢父親的狀況。但見簡先生兩眼直視棺花車，兩眼之下已布滿淚痕。簡先生以從來沒有過的輕聲細語道：「這不是我選定的棺花車呀！」簡先生的子女及在旁協助的工作人員心裡同時吹起一陣冷風，直覺以為接下來會有一場咆哮風暴。但後續發展並未如這些人所預期的發生。

簡先生駐足近半分鐘之後才朝靈柩走去，接著環顧四周，以稍微嚴厲的語氣向周圍的眷屬及親友們問道：「這是誰的主意？是誰主張在棺花車旁邊插滿野薑花的？」半晌無人回應，氣氛頓時冷凍凝結。我以眼神向承辦禮儀師示意，一同步向簡先生，分別站在他的左右兩側，我開口道：「簡先生，這是我和王禮儀師的主意，很抱歉！事先未徵求您及家人的同意……」

我道歉的話尚未說完，已見簡先生的雙手分別緊握我及承辦禮儀師的手，並突然跪了下來，用含滿淚水的嘴巴大聲說出：「謝謝你們兩位。」隨即伏倒地上放聲大哭。

「不要這樣，您快起來。」我與承辦禮儀師不約而同地拉起簡先生，心中也同時升起預期情緒與實際結果落差太大的莫名感覺。

簡先生帶著因仍在哭泣而微顫的身軀，重新回到簡夫人靈柩旁。他舉起兩手輕撫簡夫人化了淡妝的臉頰，向她說道：「妳生前，我沒有買過一朵野薑花送給妳，現在補送妳一車的野薑花，希望妳含笑好走。」

我立即順應情勢，從棺花車上急忙抽出一枝野薑花，塞到簡先生手心。「簡先生，送到夫人手中吧！」他點頭，並且把簡夫人的右手掌稍微撥開，讓她握著那枝野薑花。承辦禮儀師接著也請所有瞻仰遺容的人各拔出一枝野薑花，將花朵與追念的心擺放在簡夫人的胸前。

封釘禮與啓靈禮在簡先生與家眷不曾停止的淚水中順利進行著。

簡夫人火化安厝之後五天，簡家三位子女親自到總公司繳交喪葬服務費用，同時致上他們三位與簡先生親手所寫的感謝函與特別訂製的純金金箔感謝狀。

在關心他們一家人狀況的會談之中，簡家長子語帶哽咽地說道：「感謝公司的安排及蘇先生、王先生的用心……這是我第一次看到父親哭，也是第一次看到父親溫柔深情的一面……」

三女接著說道：「……昨天我鼓起勇氣，冒著被罵的風險，詢問父親：『爸，我能不能知道在媽生前，為什麼你都不送媽野薑花？』父親居然微笑的對我說：

『你們不知道你們媽媽對花過敏，而且會有花粉熱，近一點碰到花就會發高燒吧！』」話畢，簡家三位子女沉默許久。

一個男人對一個女人的疼與愛，真的不是第三者可以盡觀與詮釋的，一朵花卻道盡一切。

坦白說，這半年與我結緣的治喪個案中，我最怕碰到自殺的個案，因爲對於自殺者家屬的自責感，我始終無法找到撫慰的著力點。還好，與我同樣有動筆習慣的處長看穿了我這個弱點，他分享了一篇由他親自撰寫的心情筆記給我，使我不但學會協助自殺者家屬的技巧，也讓我以正確的態度看待自殺者的內心世界。現在只要單位有接到自殺個案時，我一定率先舉手表示我願意承接這個案件。

梵谷密碼——自殺者遺族自我照護的第一堂課

下今年的第一場梅雨了，對我來說，這代表著新竹縣尖石鄉水蜜桃成熟的季節即將來臨，奔向尖石鄉找水蜜桃阿嬤的心也隨著被激起。從三年前起，一到這個水蜜桃盛產季節，利用假日前往尖石鄉找水蜜桃阿嬤已成為我的既定行程。但是吸引我去的最主要理由，並不是她所栽種的水蜜桃，或是希望發送我的愛心或憐憫，而是進行我個人人生動力的充電。

因為每次與阿嬤的孫子互動，都能從他們身上感染到極強的生命力，那是一種從自殺者遺族身上難得看到的精神力。曾有人認為，要不是成為媒體焦點，他們或許不會像現在這般開朗、滿足，但是對於這樣的觀點，我並不以為然。我相信即便沒有媒體的關注，水蜜桃阿嬤及孫子們仍然會很樂觀地活出他們的生命。至於這樣的復原力，在他們身上是如何產生的？是一個相當值得探討的學術議題。

但是，如同現今社會所發生被媒體所聚焦的自殺個案一般，水蜜桃阿嬤及孫子們是以自殺者的親人這個身分被關注的，但是自殺個案發生之後，被衝擊的「遺族」不僅是自殺者的親友而已，照顧自殺者生前身心健康的醫護人員也是其中的成員。但比較不幸的是，照顧自殺者的醫護人員往往成為被責罵的對象，而不是被視為是需要被撫慰者。尤其當自殺者是在醫院內自殺成功時，在現有的醫療體系人力結構之下，在第一線直接進行照護工作的護理人員，即「理所當然」的成為院內自殺者親友、醫護體系與社會媒體三大壓力系統所共同認定的代罪羔羊。

因為從事殯葬服務工作的關係，我在工作互動中認識不少各醫院的醫護人員。

這幾年來，這些我所認識的護理人員，偶爾會傳出他們個人或其護理同僚成為代罪羔羊的故事。但令我同情、心疼的，不僅是她們的無辜代罪，還有她們可能必須經歷如同自殺者親友一樣，針對「為什麼自殺者答應我不會做出傻事，但是他終究還是選擇結束生命」的答案追尋歷程，雖然我們知道這個答案往往是無解的。

透過下面這個故事，或許可以讓所有曾是自殺者照顧者的護理人員、看護人員或是親友們，嘗試找出答案。

淑敏姊（匿名）的妹妹是癌末病患，大約是在三年前的五月，跨過一家就診的醫院病房窗台，一躍而下自殺身亡，當時淑敏姊只不過是到病房的洗手間一下，離開不到兩分鐘，事情就這麼發生了。

我猶記得協助將她妹妹的遺體移送殯儀館的路途上，淑敏姊口中一直念念有詞，聲音雖小，嘴型也不明顯，但是在救護車冷凝的空氣中，聽得出來她所念的是同樣一段話：「為什麼？妳昨天才答應我不會做傻事的呀？妳說一定會勇敢活下去的呀？為什麼要騙我？為什麼妳可以不遵守約定？……要是我那時候不到洗手間去，妳就不會這樣了……我對不起妳！」

待通知淑敏姊其他家人前來洽談治喪事宜時，才知道淑敏姊妹妹的自殺行為已不是第一次了，之前曾經割腕、企圖上吊，都是被淑敏姊及時發現而挽救下來。從安好靈位，在家裡布置好靈堂開始，治喪期間，每次到淑敏姊家，一定會發現她總是獨自坐在面對遺像的椅子上，兩眼無神的看著她妹妹的遺照，嘴巴仍持續念著相同的一段問話。就算在告別奠禮當天下午，遺體火化並入厝晉塔為止，淑敏姊整個人依然呈現兩眼呆滯、雙唇輕顫的狀態。

喪禮結束之後兩天，我陪同禮儀服務人員前往淑敏姊家進行後續關懷與收款作業。當看到淑敏姊時，我被她所表現出來的狀態驚嚇到了，她是那麼的冷靜、溫和、理性，而且嘴角還掛著一絲微笑。當禮儀服務人員在與淑敏父親確認結帳金額的空檔，我詢問淑敏姊這兩天的身心狀況。她沒有立即答話，但主動引導我到淑敏姊妹妹的房間，並且告訴我：「林大哥，謝謝你這些日子來的精神支持，陪我走過這些日子……我雖然還沒發現妹妹自殺的原因，但是我找到妹妹在前陣子第一次自殺未遂接受治療後，出院當天寫給我的一封信，就是這封信讓我決定走出來的。」

我從淑敏姊手上接過這封信，攤開來仔細閱讀，其中有幾句話當下震撼了我的心，頓時讓我完全瞭解淑敏姊為什麼會有如此強大的復原力，為什麼會「放下」了。這幾句令我為之動容的話是：「姊，對不起！我做了傻事，妳是那麼的照顧我……雖然我在院內也向妳及爸爸這樣道歉過，也答應過不再做傻事……但是我是最瞭解我現在精神狀況的人……答應你們的時候，那個『我』是絕對會遵守約定的我，但是在自殺時的另一個『我』，是連第一個清醒時的『我』也無法拉住、對抗的……所以如果未來有一天，前一分鐘我答應妳不會有事，後一分鐘我卻自殺離世了，請妳不要問我『為什麼要自殺？』不要問我『為什麼不遵守約定？』也請妳及爸爸更不要自責，不要怪其他應該將我照顧好的人，因為這些問題是清醒的我所無法回答的……但是，姊，請你們相信，我在另一個世界就不會被另一個我折磨了……」

在類似的院內自殺事件中，如果你身為照顧者，你要學習的是「因瞭解、寬恕自殺者而放下」，而不是「沒有犯錯，卻要原諒自己」。「放下」是讓已逝的自殺者與照顧者生死兩相安的一條道路。

最近有一部獲得九十九年度金馬獎最佳男配角獎的國片《父後七日》，故事是以彰化縣鄉下地區的「傳統」喪禮爲背景。這個故事所要探索的主題立意雖然很好，但是我以及公司其他禮儀師都有一個擔憂，擔心這幾年來，由我們這些殯葬業從業人員所樹立起來的殯葬文化新形象，又會被拉回「土公仔」時代。於是我將親手服務的一件個案撰寫成文章，投稿到報社，希望讓社會大眾知道，有個禮儀公司與一群禮儀服務人員，不再只會默守傳統的喪葬儀節，而且會以客戶的需求與人性爲依歸，允許合「理」且合「禮」的儀式及用品運用於喪禮規劃之中。很幸運地，這篇文章投稿後不久，就被通知會被刊載了，所得到的稿費也成了我與家玲小姐成家基金少許的來源之一。

「聽」出生命的意義

冷冽的春節前夕，陳大哥八十一歲的父親，因為二度中風，在加護病房中待了十天之後，仍然撒手人寰。在協助陳大哥辦理父親後事的過程中，我發現到表面上看起來，他很想投注心力送父親最後一程，但卻又感覺到有件事卡在他的心頭。在頭七當天，趁著誦經的空檔，我遞給陳大哥一杯熱茶，在他身旁坐下來後，我問道：「陳大哥，這一個禮拜以來，您的眉頭越鎖越緊，有什麼事困擾著您？」

啜了一口茶，沉思了一會，身為家中獨子的他說：「我很擔心母親。自從父親走了之後，每天早晚為父親拜飯時，她就看著靈堂前父親的遺像一直念著：『老伴，為你辦好喪事之後，我也無罣礙了，我隨後就到，你不要走太快，要等等我。』整天吃不到三口飯，她這樣身子怎麼受得了！」

在之前的治喪接洽之中，陳大哥透露說，父親與母親結褵已經五十年了，母親雖然比父親小了整整十歲，但是在生活起居上，一直都是母親在為父親打理一切；父親退休前，擔任公務人員期間，所有的生活作息相當固定，午餐一定吃母親早上下廚準備的新鮮便當，晚上用餐之後，也一定帶著母親到家附近的河堤上散步，並且在河邊的榕樹下小坐一會兒，和賣飲料的小販聊聊天之後，再漫步回家。「我小時候，她和父親散步後回家時，一定拎著幾份小販賣的甜食。我還記得，夏天時，不是黑糖冬瓜茶，就是青草茶；冬天時，不是米茶，就是杏仁茶。我們一家三口就在家裡的餐桌前分享著這一份甜蜜……」

頭七隔天早上，碰到陳大哥陪同母親前來靈前幫父親拜早飯，在幫他們點香的同時，我聽到一句從陳奶奶嘴巴裡微聲道出的話語：「老伴，這幾天讓你一直吃著別人做的素菜，不知道你習不習慣？」這句話說得那麼不捨、那麼貼心，就好像陳伯伯就在她身邊一樣。

在陳大哥與陳奶奶完成早飯祭拜，離開之前，我告訴陳奶奶說：「陳奶奶，陳大哥說陳伯伯生前習慣吃您所做的飯菜，如果您擔心他吃不慣這些祭拜的素菜，您不要有忌諱，您每天早晚仍然可以幫陳伯伯做些他生前喜歡吃的菜色，做成便當，拿來祭拜他，相信他會很高興的。」「真的嗎？這樣不會很奇怪嗎？」「不會啦！

這就好像他還在我們身邊一樣，習俗或宗教經典裡，也沒有任何硬性規定，說早晚拜飯一定要拜素菜呀！您看看旁邊其他家屬準備的飯菜，不是也有祭拜葷食的嗎？」話還沒回應完，我已看到陳奶奶的眼神從落寞之中，瀉出一絲帶著興奮與希望的光彩。接著我偷偷地將一封信塞給陳大哥，請他回去，一個人時再拆開來看。

當天下午四點半之後，我特別騰出工作空檔，在陳伯伯靈堂前，等著陳奶奶前來。五點鐘未到，只見陳奶奶獨自一人，雙手各拎著一個四層的大便當盒步入靈堂。她一看到我，就露出這一週來未曾看過的笑容，笑容中所傳達的是一份「重新找回生活目標」的感動。我急忙幫她將一層層的便當盒分開，擺放在陳伯伯的靈桌上，東坡肉、雪裡紅、槓子頭等菜色，頓時間將靈桌給占領了。我點了香，遞給陳奶奶，她迫不及待的接手過去，趕忙看著陳伯伯的遺像拜了起來：「老伴，過去幾天委屈你了，今天晚上開始，我餐餐做你喜歡吃的給你。」陳奶奶的眼眶裡，此時已積滿了淚水。

陳奶奶祭拜完後，我問她：「陳大哥呢？怎麼沒陪您來？」「剛才他開車載我來到門口之後，就跟我說要去辦一件重要的事，說很快就會回來，也沒說是辦什麼事。」我心想，他一定已經看了信，去辦那件我拜託他幫忙的事。

我扶著陳奶奶坐下來休息，並且問她：「陳奶奶，陳伯伯喜歡吃東坡肉、雪裡紅、槓子頭是嗎？你們從開始交往的時候，您就知道他喜歡吃些什麼嗎？」「才不是嘞，我那個老伴嘴巴挑得很，剛開始做給他吃的時候，他每一樣都給我挑三揀四的嫌了又嫌，我們常常為了這事吵了起來……」接著，陳奶奶開始向我陳述每一道菜的故事，將她與陳伯伯相處這五十餘年來的點點滴滴，快樂的、辛苦的、不如意的、稱心的種種，用幸福的語氣包裝著，傳達到我的心中。

「媽，你們在聊些什麼，先吃些甜點填填肚子吧！」陳大哥不知何時從哪裡蹦出來，手上拿著四杯包裝好的東西。

他先拿一杯出來，連同一根湯匙遞給陳奶奶。「媽，您嘗嘗看，記得這是什麼東西嗎？」陳奶奶接受後，先聞了一聞，再嘗了一口之後，淚水頓時潰堤。「這不是河堤邊那個老沈賣的杏仁茶嗎？你怎麼還買得到？」「媽，老沈他兒子早就在河堤邊的商店街裡開了一家古早味甜點店，只是這幾年，您為了照顧爸爸，一直沒空去逛逛……」

我接著說：「陳奶奶，是我提醒陳大哥去買的，因為這個禮拜以來，他看您茶不思、飯不想的，又說要跟著陳伯伯走，他憂心得很。我希望用這一份你們之間的共同美好回憶，讓您打起精神來。別忘了，陳大哥還很需要您，而且我相信陳伯伯也不會希望您損了自己的身子。我們先把一份甜點祭拜陳伯伯，然後一邊吃，一邊再繼續聊聊您及陳伯伯以前的故事。陳大哥，你也可以說說每個故事發生當時，你所想到的點點滴滴……」就這樣，我們三個人沉浸在陳家的精采生命故事中足足兩個小時，期間陳奶奶也吃了一整個我外叫的池上便當。

一直到現在，陳奶奶還常常請陳大哥將她親自烹煮的東坡肉送給我。而在品味陳奶奶廚藝的同時，我心裡堅信，她已經清楚地知道她個人生命的意義與價值了。

我們這一行所面對的喪家並不一定是年紀長的，有時候面對的是年紀相當小的小孩。雖然面對這些小小喪親者時，惻隱之心會特別濃厚，稍一控制不好，眼淚就會在注視著小小喪親者時瞬間奪眶而出，但是服務這一類個案，更能讓我體會到從事殯葬服務業的意義與初衷所在。爲了隨時讓我謹記從事這行的初衷之心，現在只要我穿上公司制服，就會在西裝外套的內袋中放入一份我的服務故事，而且是完全沒有收費的案例。

六歲 玩具 親情

六歲，是一個什麼樣的年紀？剛開始學著認字？無憂無愁地吃、喝、玩、睡？玩具滿坑滿谷，卻沒有一個喜歡的！還是動不動就向父母要個擁抱？那時候的你，已經會打電話了嗎？已經懂得死亡的意義了嗎？這個問題的答案，從殯葬服務人員的視野中，常常會有出人意表的解讀。

小傑，一個長得五官清秀、雙眼透徹但帶點憂鬱的六歲小男孩。這是一個屬於他的真實生命故事。

某天夜裡，電腦桌面上的時間顯示著「上午00：24」，我正為幾天以後的喪禮服務技術士丙級證照檢定考試啃得一個頭兩個大。此時，放在電腦旁桌面上的手機突然響起，本以為是公司同事打來求援的電話，因此依循過去的應對習慣，我拉高聲調，並以穩重但充滿熱情的聲音接起手機。

「您好，我是張宗翰，請說！」

沒想到，手機另一頭傳來的是稚嫩的男童聲。

「對不起！叔叔，我叫小傑。我想請你幫一個忙。」

男童的輕聲話語中帶著顫抖，並且有小心謹慎的味道，我當下研判他是在家裡偷打電話的。

此時，我調整自己的說話音調，以親切且較為平和的聲音回應他。

「你叫小傑是嗎？」

「嗯！」

「這麼晚了，怎麼還沒睡？有需要我幫什麼忙呢？」

「我睡不著，我想找我爸爸。」

「找你爸爸！你和爸爸走失了嗎？」

電話那頭，傳來另一個語氣驚訝且稍帶氣憤的背景聲音。

「小傑，這麼晚了，你偷打電話給誰？」

聽得出是一位上了年紀的女性聲音，我猜應該是小傑的阿嬤。小傑手上的電話接著被這位女性搶了過去。

「對不起，對不起！小孩子胡鬧，亂打電話。」

「請不要這麼講。我姓張，請問怎麼稱呼您？」

「喔！我姓蔡，是剛才那個小孩的阿嬤。」

「剛才小傑說要我幫他找爸爸，是否可以瞭解是怎麼一回事？」

「什麼？小傑已經自我介紹了唷！你說你姓張，你是張宗翰先生是嗎？」

「對，我是張宗翰，您認識我？請問您是……」

「是這樣的，大約半天前，一位幫我辦理我先生後事的葬儀社人員劉宜雄先生推薦你來幫我們一個忙，他就把你的手機電話寫給我們了。我們本來想明天再打電話給你，請教一些事情的，沒想到小傑趁我們睡著，自己偷偷的把紙條從我的皮包裡拿走了。這樣好不好，張先生，明天下午七點左右，我們會到第一殯儀館為我先生做頭七法會，在那之前，我們先到你公司找你。我沒記錯的話，你公司也是在第一殯儀館附近，是不是？」

「對，沒錯。那我在六點左右就先到我們公司的生命會館與你們碰面好了。」

再次確認後，我們互相掛了電話。我繼續未完成的考古題背誦進度，但心中一直惦掛著這件事。

隔天碰面詳談之後，我才知道，原來小傑的父母在兩年前，因為婆媳問題與高利貸欠債問題已經離異了。原本小傑被媽媽帶到南部娘家，而且被斷絕與父親的所有聯絡。但是，幾個月後，小傑的母親接獲小傑父親的家人從北部某醫學中心往生室打來的電話，說小傑的父親因為欠債壓力過大，燒炭自殺了，希望她帶著小傑回北部祭拜一下。但是小傑的母親心中仍對她的前夫充滿怨懟，即便小傑父親的遺骸已經火化晉塔了，仍然遲不北上，只是淡淡地告訴小傑，他的父親已經死了。

隔了幾天，阿嬤帶著小傑去理髮，經過一家小學旁的文具行時，立即被店門口櫥窗內的一個卡通玩具所吸引，一直用渴望的眼神看著。文具行老闆看到這情景，突發奇想，便用電視廣告的口語逗逗這個可愛的小男童。

「小朋友，喜歡嗎？回家要爸爸買給你呀！」

阿嬤看到小傑頓時間低頭不語，一會兒才小聲說道：「我已經沒有爸爸了呀！……」

在這件事之後，小傑開始食欲不振，也很少說話。心細的阿嬤瞭解他的心意，便不斷說服小傑的母親帶著小傑北上祭拜父親。好不容易說服成功了，但是小傑的母親答應的條件是，不希望讓前夫婆家的人知道。

但是北上之後，小傑的母親才想到，根本不知道前夫的骨骸安奉在何處？透過關係輾轉詢問，也問不出個所以然，這一趟便無功而返。小傑好像一個小大人似的，也因此事而日趨抑鬱。這一切，小傑的母親看在眼裡。

這一次因著自己父親的喪禮之故，小傑的母親再次委託葬儀社劉先生代為查詢前夫骨骸的落腳處。劉先生左思右想之下，終於想到一個線索——「北部某醫學中心往生室」，於是想藉由這家往生室經營者所屬母公司任職的我，透過公司客戶服務系統，代為瞭解小傑父親的喪禮是否由我所屬公司承辦？若是，則應該就會知道其遺骸的安奉處所。

在知道這件事的前因後果之後，立即透過公司客戶服務系統進行查詢作業。查詢的結果是，小傑的父親在往生之後，是由他的家人將大體直接接運回家辦理喪事的，並未透過我們公司在該醫院往生室的服務處承辦。怎麼辦？

在苦無對策之下，我突然瞄到電腦中客服系統報表的一個欄位——「往生者戶籍所在地」，顯示小傑的父親戶籍是在新竹。當下我立即打電話給在新竹縣市殯葬主管機關任職的友人們，將小傑的故事告訴他們，並請他們協助找尋小傑父親的遺骸安奉處。

苦等兩小時之後，終於獲得好消息。原來小傑父親的遺骸真的就落腳在新竹市的某公塔內。抄寫詳細塔位資料之後，我在第一時間將這個好消息告訴小傑的母親及阿嬤，並約好隔天陪他們一起前往。

隔天，當我帶領小傑站在他父親的納骨箱函之前，並向他說：「小傑，你的父親就在這裡。」

還等不及我說完，小傑已經雙手合十，並且從口中道出：「爸爸，我找到你了，我好想你唷！……」接著，在他那稚嫩的臉頰兩旁，已湧出思念的淚水，伴隨著的是他那不斷抽搐的背影。

一個禮拜之後，小傑的母親打電話再次感謝我，同時也說，小傑回去之後，便恢復了正常飲食，也恢復了以前的開朗；而小傑的母親，在小傑的笑聲中，也決定原諒前夫。美好的生活，再次降臨在小傑的家庭中。

有時候，來不及說出口的再見，會是孩童一輩子的遺憾與渴望。當有機會說出時，將會是另一個夢想實現的開端。

我，張宗翰，身爲一名生命擺渡者，無怨無悔，我熱愛我的工作與我的公司，因爲這份工作的價值與公司的理念，讓我覺得我的生命是有意義的。也感謝所有與我結緣的往生者與喪親家庭，您們，是我生命的導師。

附錄一

喪葬儀式的功能：

芮克里夫布朗（A. R. Radcliffe-Brown, 1881-1955）與馬凌諾斯基（Bronislaw Kasper Malinowski, 1884-1942）的分析觀點。

◎對亡者的功能：

一、對亡者遺體的處理功能：涉及亡者身、心、靈的處理與安置。

二、轉換作用：從「活」到「死」、從「有」到「無」的過渡轉換。

◎對亡者家屬的功能：

一、撫慰喪親者身心的功能：亦即悲傷撫慰。一場好的喪禮，其本質即是滿足喪親者心、靈需求的悲傷撫慰工具，同時也可以帶給喪親者重新面對新生活的支持力量。

二、教化：即教育後代子孫的功能。

三、家族中人際關係的重組：即家族權利的轉移。

四、人倫關係的重新確認與鞏固：抽離亡者的人倫地位後，親至亡者原生家庭成員，疏至亡者事業上的同事，亡者生前身旁所有相關人員的人倫關係一定會重新排列組合。

◎對於社會的功能：

一、聚集親友、家族及與亡者或喪家有互動往來的社會團體之功能。

二、家族與社區關係的協調作用：喪禮主事者決定喪禮的任一環節時，可能必須與家族或社區中的重要人士或意見者協調出一個共識，藉由這樣的機制取得人際後續發展的和諧。

三、家族力量與地位的顯現功能。

現代喪親者的喪禮籌劃壓力來源

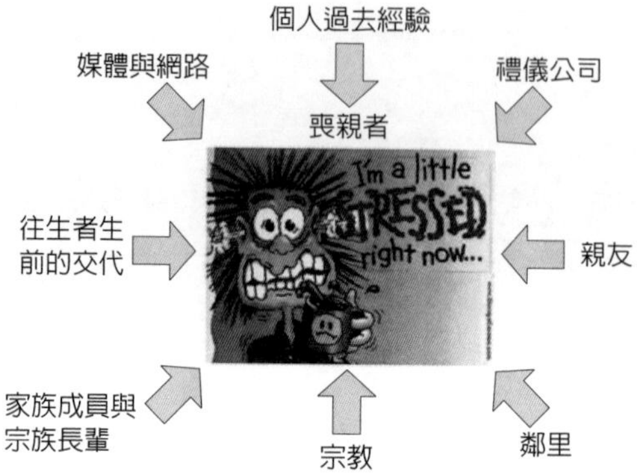

何處何時斷氣？死亡證明書申請幾份，要給誰？
大體存放時要穿什麼衣服？壽服要準備幾套？款式為何？
大體存放的地點與方式？是否先返家一趟？
豎靈地點與規格？各階段儀節的宗教屬性？
殯與葬各別預算？第一時間要通知誰？
遺像用哪一張？早晚拜飯誰去拜？如何拜？
訃聞內容與樣式？訃聞要發給誰？發布形式？
要不要做七（做旬）？要做幾個七？
要不要做功德或特定法式？拿不拿香？
燒不燒庫錢？燒不燒紙紮？燒多少或燒哪些？
做不做追思光碟？資料從何而來？
參與奠禮的家族成員有多少人？
小殮如何做？由誰做？規格如何？
大殮封釘時協助的親友是誰？
幫忙的親友是否要給紅包？包多少？
告別奠禮會有多少來賓與團體？由誰統計確認？
告別奠禮舉行地點？奠禮禮堂規格大小？
奠禮堂的布置方式與設計（色調／花材／圍幔）？
收不收奠儀（白包）或花圈花籃？誰負責收白包？
送不送回禮？回禮之種類與款式？
要不要自撰家奠文或往生者生平事略？由誰寫？
多少人跟到火化場與葬地？交通如何安排？
遠道親友吃住問題？奠禮當天的飲食安排？
選擇葬法與下葬地點？骨灰罐及棺木材質與型式規格？
遺物如何處理？有哪些是陪葬品？
……

附錄二

「禮」與「俗」的差異

禮	俗
禮是「規範」	俗是「生活習慣」
基於人類生活的一種「需要」，也是一種「原則」與「規範」。	一般指「生活習慣」。乃是在同一部落或生活的地理環境中，經過長期的經驗與需求，篩選出適合大多數人所能適應的做法，通稱為「俗」。
禮的制定基礎為「理性」（禮）。	俗的產生基礎是「感性」（情）。
理性的禮制不會危害人群。	感性的產物則不一定對人類社會有益，像纏足、殉葬風俗就是不良的習俗。
禮是成文「記載於典籍」中	俗多為「口耳相傳」。
為了推廣，「禮」多半記載於典籍中，像中國古代即有《儀禮》、《禮記》，其後歷代也都制定適合當時的禮典，如唐朝有《大唐開元禮》、清朝有《大清通禮》，甚至特定宗族，如客家族群，則有曾國藩編訂的《文正家禮》。	「俗」則因各地執行標準不一，而且相當繁瑣，因此多係口耳相傳，欲探其源，則模糊難考。
禮是經過「時間與地域的考驗」。	俗因時間與地域的改變而有所不同。
「禮」通行的時間久、地域廣，像周公所訂婚喪禮儀節，經過兩、三千年的時間，至今仍通行於中華大部分地區。	「俗」則因時間的流逝而改變，而且多只侷促於某一個部落或地區，往往過一條河或一座山，他們的風俗便有所不同；也就是說，「俗」的通行時間較短，通行的地域也較窄。
「俗」成則為「禮」。	「禮」失則為「俗」。
集結各地區習俗共同優點交集，篩選後所成的典範，制定成「禮」之規範（如：周禮、國民禮儀範例）。	一旦「禮」的精神被忽略，而僅注重表面形式的呈現或各自解讀其意，久而久之，「禮」即會逐漸消逝或轉化，變成各種形形色色的「俗」。

註：本表係以徐福全教授之論述爲主體，由蘇家興補綴。

附錄三

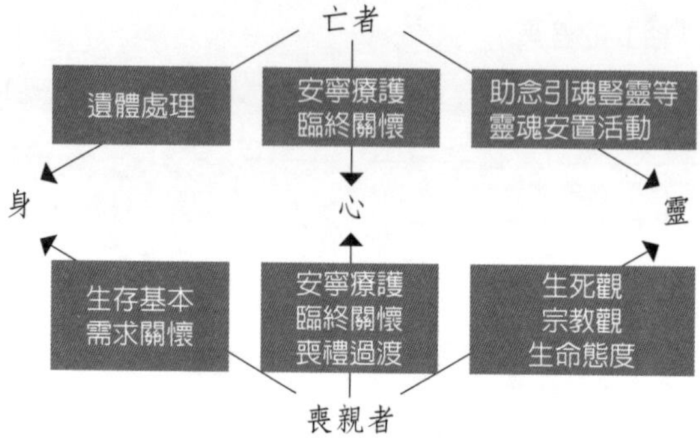

現代禮儀師的服務對象與服務內容

附錄四

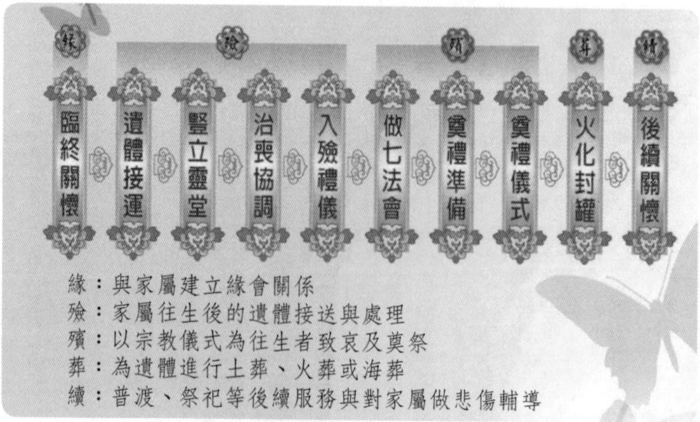

現代化殯葬禮儀流程概要及說明

附錄五

祝福篇廣告：量身訂製——你的祝福、他的願望
（以孫女親筆所畫的畫像取代傳統遺照）

附錄六

各宗教信仰基本生死觀

宗教信仰別	從哪裡來？	往何處去？	死亡的定義
佛教	一個靈魂，始於受精卵形成。	一個神識（類似靈魂）、中陰身（中有）觀念、輪迴（人的神識）。	醫學上的死亡（呼吸、心跳、腦波停止）發生後，神識會自肉體上逐漸剝離，此時人的八種意識才會逐漸消失，最後消失的是聽識（聽覺）；當神識完全自肉體上剝離後，就進入另一個輪迴階段，也就是所謂的「往生」。
道教	三個靈魂，於出生後不同時期自宇宙（天元）逐一進駐身體。	三個靈魂、於往生後第一瞬間離開肉體、於不同時期回歸宇宙（天元）、不會輪迴。	與醫學上的死亡認定相似。
台灣民間信仰	眾說紛紜，但不脫離佛教或道教的範疇。	眾說紛紜，但不脫離佛教或道教的範疇。	眾說紛紜，但不脫離佛教或道教的範疇。
西方宗教（基督教／天主教／回教）	一個靈魂，始於受精卵形成。	一個靈魂、與肉體結合在一起、等待復活審判說。	信主者是得永生生命，並無死亡。
自然觀	生命起始於受精卵形成。	生命終將失去生理機能、塵歸塵。	與醫學上的死亡認定相似。

附錄七

各七別之主事親屬表

七別	冥王	主事親屬	
		閩俗	客俗
頭七	秦廣王	兒子（媳婦）	兒子 媳婦
二七	楚江王	媳婦（兒子）	兒子 媳婦
三七	宋帝王	女兒（女婿）	兒子 媳婦
四七	伍官王	女婿（姪子 姪女）	女兒 女婿
五七	閻羅王	孫子 孫女	兒子 媳婦
六七	變成王	兒子 媳婦（外孫 外孫女）	孫女 孫女婿
七七	泰山明王	兒子 媳婦	兒子 媳婦

附錄八

「人生最後一章　規劃書」範本

姓名：＿＿＿＿＿＿＿＿先生／女士　　規劃日期：＿＿年＿＿月＿＿日
出生年月日：民國＿＿年＿＿月＿＿日
喪禮預期舉辦地點：□殯儀館：＿＿＿＿＿＿＿＿
淨身服務人員：□禮儀公司專業禮體淨身服務人員
喪葬儀式宗教屬性：□佛教 □道教 □台灣民間信仰 □基督教 □天主教
□其他宗教：＿＿＿＿＿＿＿＿
靈堂設置地點：□殯儀館 □醫院往生室 □自宅 □其他：＿＿＿＿＿＿＿＿
守靈宗教儀式：□做七：㈠㈡㈢㈣㈤㈥㈦
奠儀收取：□收 □不收
訃告方式：□寄送 □親送 □電子網路
訃告型式：□白話文型式 □傳統式
民間風俗之採用：□拿香祭拜 □燒紙錢 □燒紙紮 □其他：＿＿＿＿＿＿
追憶光碟製作：□有需要／且已準備好素材 □有需要／但由子孫準備素材
□不需要
最喜歡的音樂：＿＿＿＿＿＿＿＿＿＿＿＿＿＿＿＿＿＿＿＿
最喜歡的花：＿＿＿＿＿＿＿＿花；顏色：＿＿＿＿＿＿＿＿色
告別奠禮設計元素：＿＿＿＿＿＿＿＿＿＿＿＿＿＿＿＿＿＿
禮堂色彩主調：＿＿＿＿＿＿＿＿＿＿＿＿＿＿＿＿＿＿＿＿
棺木款式：□西式火化棺 □西式土葬棺 □中式火化棺 □中式土葬棺
遺體最終處理：□火化塔葬 □火化穴葬 □火化灑葬／海葬 □火化植葬
□土葬　□壁葬
遺骸存放地點：＿＿＿＿＿＿＿＿；和誰葬存在一起：＿＿＿＿＿＿＿＿
公奠禮要求事項：＿＿＿＿＿＿＿＿＿＿＿＿＿＿＿＿＿＿＿＿
輓聯輓幛：＿＿＿＿＿＿＿＿＿＿＿＿＿＿＿＿＿＿＿＿＿＿
其他要求禮數：□提供毛巾（或小方巾） □其他：＿＿＿＿＿＿＿＿
身後服裝款式：□傳統中式壽服 □西式壽服（西裝／洋裝）
□生平服裝：＿＿＿＿＿＿＿＿ □其他：＿＿＿＿＿＿＿＿
訃告發放對象：＿＿＿＿＿＿＿＿＿＿＿＿＿＿＿＿＿＿＿＿

初終當下通知對象：＿＿＿＿＿＿＿＿＿＿＿＿＿＿＿＿＿＿＿＿＿＿＿

用哪張／哪些遺照（含大圖輸出照）：

骨灰罐款式：材質—□碧玉等級以上 □青玉 □花崗 □大理石 □陶瓷

□琉璃 □木質 顏色：＿＿＿色 形狀：＿＿＿狀

最想完成的遺願：＿＿＿＿＿＿＿＿＿＿＿＿＿＿＿＿＿＿＿＿＿＿＿＿

人生意義或座右銘：＿＿＿＿＿＿＿＿＿＿＿＿＿＿＿＿＿＿＿＿＿＿＿

奠禮中最想看到他到場的人（親人除外）：＿＿＿＿＿＿＿＿＿＿＿＿

我的墓誌銘：＿＿＿＿＿＿＿＿＿＿＿＿＿＿＿＿＿＿＿＿＿＿＿＿＿＿

喪葬費用預算：新台幣＿＿＿＿＿＿＿＿＿＿元以內／以上

生前遺物處理方式（衣物／收藏／圖書／其他個人用品）：＿＿＿＿＿

禮儀師的世界

作　　者／萬安生命科技股份有限公司
文字編撰／蘇家興、張廷浩
出 版 者／威仕曼文化事業股份有限公司
發 行 人／葉忠賢
總 編 輯／閻富萍
地　　址／新北市深坑區北深路三段 260 號 8 樓
電　　話／(02)8662-6826
傳　　真／(02)2664-7633
網　　址／http://www.ycrc.com.tw
E-mail ／service@ycrc.com.tw
印　　刷／鼎易印刷事業股份有限公司
ISBN ／978-986-85746-7-0
初版一刷／2011 年 6 月
定　　價／新台幣 300 元

國家圖書館出版品預行編目(CIP)資料

禮儀師的世界 / 萬安生命科技股份有限公司著. --初版. --新北市：威仕曼文化, 2011.06

面； 公分

ISBN 978-986-85746-7-0 (平裝)

1.殯葬業 2.殯葬 3.喪禮 4.文集

489.6707　　100001101